普通高等教育"十三五"规划教材

材料科学与工程
实验指导书

李维娟　主编

U0352901

北　京
冶金工业出版社
2023

内 容 提 要

　　本书内容分为金相组织分析、金属热处理与表面处理和材料性能测试与分析三个部分。金相组织分析部分主要介绍了金相样品制备及金相显微镜使用，碳钢、合金钢、铸铁、有色金属和典型缺陷的显微组织与分析；金属热处理与表面处理部分主要介绍了钢的整体热处理、淬透性、化学热处理、激光表面热处理和磁控溅射处理等；材料性能测试与分析部分主要介绍了金属的力学性能、物理性能、化学性能和相变点的测试，材料的相、组织、结构和缺陷分析等。

　　本书通用性和应用性强，适合作为高等学校材料类专业的实验教材，也可供相关专业技术人员参考。

图书在版编目（CIP）数据

　　材料科学与工程实验指导书/李维娟主编. —北京：冶金工业出版社，2016.3（2023.11 重印）

　　普通高等教育"十三五"规划教材

　　ISBN 978-7-5024-7196-5

　　Ⅰ.①材…　Ⅱ.①李…　Ⅲ.①材料科学—实验—高等学校—教学参考资料　Ⅳ.①TB3-33

　　中国版本图书馆 CIP 数据核字（2016）第 046997 号

材料科学与工程实验指导书

出版发行	冶金工业出版社	**电　话**	（010）64027926
地　　址	北京市东城区嵩祝院北巷 39 号	**邮　编**	100009
网　　址	www.mip1953.com	**电子信箱**	service@ mip1953.com

责任编辑　高　娜　宋　良　美术编辑　吕欣童　版式设计　孙跃红
责任校对　卿文春　责任印制　窦　唯
北京印刷集团有限责任公司印刷
2016 年 3 月第 1 版，2023 年 11 月第 5 次印刷
787mm×1092mm　1/16；10.25 印张；247 千字；157 页
定价 **20.00** 元

投稿电话　（010）64027932　投稿信箱　tougao@cnmip.com.cn
营销中心电话　（010）64044283
冶金工业出版社天猫旗舰店　yjgycbs.tmall.com
（本书如有印装质量问题，本社营销中心负责退换）

前　言

高等教育改革和发展的目标是提高人才培养质量，培养高素质的专门人才和拔尖创新人才。在创新型人才培养中，实验教学尤为重要。通过实验教学，可培养大学生的理论联系实际能力、实践创新能力和团结协作能力等。本书是在校内实验讲义的基础上，结合材料科学与工程学科的新发展，以及实验设备与技术的更新提高，拓展和完善编写而成的。以期全面提高大学生的实验技能和创新能力。

本书分为金相组织分析、金属热处理与表面处理和材料性能测试与分析三个部分。书中内容的安排打破了课程的限制，从专业实验技能类别角度进行编排，可作为材料科学与工程专业大学生的实验教材，建议学时130左右，分三或四个学期完成。本书也可作为金属材料工程专业学生的实验参考书，选做其中大部分实验。

本书中的实验1、2、4、5、8、9由刘英义编写，实验3、10、11由朱晶编写，实验6、7、13、23、27、28由刘瑜编写，实验12、36由李维娟编写，实验14、29、30由张峻巍编写，实验15、24、34由周艳文编写，实验16~22、25、26由赵鹏编写，实验31、32由吕楠编写，实验33由赵南嵘编写，实验35由郭媛媛编写。全书由李维娟统稿。

在编写过程中，参考了大量相关文献，谨此对有关作者表示衷心感谢。参考文献中列举了一些主要书目，其他未列出者敬请海涵。

由于编者水平有限，书中不妥之处，敬请广大师生和读者批评指正。

作　者
2015 年 11 月
于辽宁科技大学

目　　录

附　　录

第 1 部分

金相组织分析

实验 1　金相样品制备及金相显微镜使用

1.1　实　验　目　的

（1）掌握金相样品的制备过程和基本方法。
（2）了解金相显微镜的基本原理、构造，掌握显微镜的正确使用。

1.2　实　验　原　理

利用金相显微镜观察金相试样的组织或缺陷的方法称为金相显微分析。它是研究金属材料微观组织最基本的一种实验技术，在金属材料研究领域中占有很重要的地位。在金相显微分析中，使用的主要仪器是光学显微镜。

1.2.1　金相试样制备

金相试样的制备包括取样、磨制、抛光和浸蚀等步骤。

1.2.1.1　取样

试样的选取应根据被检验材料或零件的特点，取其有代表性的部位。例如研究零件的失效原因时，应在失效部位取样，并在完好部位取样，以便对比分析。对于铸造合金，考虑到组织的不均匀性，应从表层到中心各个部位进行选取。对于轧材，研究表层缺陷和夹杂物的分布时应横向取样；研究夹杂物类型、形状、变形程度、带状组织时应纵向取样。对一般热处理后的零件，由于组织均匀，可任意取样。取样时应保证试样观察面不发生组织变化，软材料取样可用锯、刨、车等方法，硬材料取样可用砂轮切片机等方法，脆性材料可用锤击等方法。试样尺寸不宜过大或过小，一般以手拿方便即可，其形状以便于观察为宜。

1.2.1.2　磨制

粗磨：粗磨目的是为了获得一个平整的表面，软材料试样可用锉刀锉平，钢铁材料可用砂轮机磨平。磨削时应注意试样对砂轮的压力不宜过大，以免在试样表面上形成较深的磨痕而增加细磨的困难，同时应不断用水冷却试样，以免试样受热引起组织变化。试样边缘要进行倒角，以免在细磨和抛光时划破砂纸和抛光绒布或造成试样从抛光机上飞出伤人。

细磨：细磨分手工磨光和机械磨光两种。

手工磨光是用手拿住试样在金相砂纸上进行。金相砂纸按粗细分为 01、02、03、04、05 号。细磨时依次从 01 号磨到 05 号，钢铁材料一般磨到 04 号即可，软材料（如铝、镁等合金）可磨到 05 号砂纸。细磨时必须注意：

（1）细磨时应将砂纸放在光滑平整物体（如玻璃板）上，手指拿住试样，并使磨面朝下，均匀用力由后向前推行磨削。在回程时，提起试样，试样不与砂纸接触以保证磨面平整而不产生弧度。

（2）每换一号砂纸时，应将试样旋转 90°后再磨，使磨削方向与前道磨痕方向垂直，以便观察前道磨痕是否全部消除。

（3）每更换一次砂纸之前，应把试样、玻璃和手洗净，以免把粗砂粒带到下一号细砂纸上去。

另外，磨削软材料时，可在砂纸上涂一层润滑剂，如机油、甘油、肥皂水等，以免砂粒嵌入试样磨面。

机械磨光是在预磨机上进行。预磨机是由电动机带动转盘，转盘分为蜡盘和砂纸盘两种。蜡盘就是把混有金刚砂的熔化石蜡浇在转盘上，待凝固车平后装在预磨机上就可使用。做成不同粗细的金刚砂蜡盘，在生产检验中被大量使用。砂纸盘是把水砂纸剪成圆形，用水玻璃粘在预磨机转盘上。水砂纸按粗细分为 200、300、400、500、600、700、800、900 号等，一般用 200、400、600、800 号水砂纸依次磨制即可。用蜡盘和水砂纸盘磨制时，要不断加水冷却。

1.2.1.3　抛光

抛光分为机械抛光、电解抛光、化学抛光等方法，使用最广的是机械抛光。机械抛光是在抛光机上进行。抛光机由电动机带动抛光盘，抛光盘上铺有不同的抛光布。粗抛时用帆布或粗呢，细抛时用绒布、细呢或丝绸等。抛光过程中要不断向抛光布上倒入适量的水与 Cr_2O_3（或 Al_2O_3、MgO 等）悬浮液。试样的磨面应平正地压在旋转的抛光盘上，压力不宜过大，并使试样从抛光盘边缘到中心不断地做径向往复移动。待试样表面磨痕全部被抛掉而呈现光亮镜面时，抛光即可停止，并将试样用水或酒精洗干净后转入浸蚀。

1.2.1.4　浸蚀

经抛光后的试样若直接放在显微镜下观察，只能看到一片亮光，除非某些金属夹杂物（如 MnS 及石墨等）外，不能辨别出各种组织及其形态，因此，必须用浸蚀剂对试样抛光面进行浸蚀，钢铁材料通常用 3%～5%硝酸酒精溶液浸蚀。浸蚀方法是将待观察面浸入浸蚀剂中，或用玻璃棒缠少许脱脂棉蘸取浸蚀剂擦拭的方法。浸蚀时间要适当，当试样抛光亮面呈灰色时就可停止，并立即用清水或酒精清除残酸，用吹风机吹干后，即可在显微镜下进行观察。若试样浸蚀过度，显微组织模糊不清时，需重新抛光和浸蚀。若浸蚀不足，组织不能完全显露时，可进行补充浸蚀。常见的化学浸蚀剂见表 1-1。

表1-1　常见的化学浸蚀剂

浸蚀剂名称	成　分	适用范围	使用要点
硝酸酒精溶液	硝酸 1～5mL、酒精 100mL	碳钢及低合金钢组织	硝酸含量按材料选择，浸蚀数秒钟
苦味酸酒精溶液	苦味酸 2～10g、酒精 100mL	对钢铁材料的细密组织清晰	浸蚀时间自数秒钟至数分钟
苦味酸盐酸酒精溶液	苦味酸 1～5g、盐酸 5mL、酒精 100mL	淬火及淬火回火后钢的晶粒和组织	浸蚀时间较上例快些，约为数秒钟至1min
苛性钠苦味酸水溶液	苛性钠 25g、苦味酸 2g、水 100g	钢中的渗碳体染成暗黑色，铁素体不染色	加热煮沸浸蚀 5～30min
氯化铁盐酸水溶液	氯化铁 5g、盐酸 50g、水 100g	不锈钢、奥氏体高镍钢、铜及铜合金组织	浸蚀至显示组织
王水甘油溶液	硝酸 10mL、盐酸 20～30mL、甘油 30mL	奥氏体镍铬合金等组织	先用盐酸与甘油充分混合，然后加入硝酸。浸蚀前先用热水预热
氨水双氧水溶液	氨水（饱和）50mL、3%双氧水溶液 50mL	铜及铜合金组织	配好后马上使用，用棉花蘸擦
氯化铜氨水溶液	氯化铜 8g、氨水（饱和）100mL	铜及铜合金组织	浸蚀 30～50s
混合酸	氢氟酸（浓）1mL、盐酸 1.5mL、硝酸 2.5mL、水 95mL	硬铝组织	浸蚀 10～20s 或用棉花蘸擦
氢氟酸水溶液	氢氟酸（浓）0.5mL、水 99.5mL	一般铝合金组织	用棉花擦拭
苛性钠水溶液	苛性钠 1g、水 90mL	铝及铝合金组织	浸蚀数秒钟

1.2.2　金相显微镜的光学原理与构造

1.2.2.1　金相显微镜的光学原理

最简单的显微镜可以仅由两个透镜组成。图1-1为金相显微镜成像的光学原理示意图。图中 AB 为被观察的物体，对着被观察物体的透镜 O_1 称为物镜；对着人眼的透镜 O_2 称为目镜。物镜使物体 AB 形成放大的倒立实像 A′B′，目镜再将 A′B′ 放大成仍然倒立的虚像 A″B″。其位置正好在人眼的明视距离（约250mm）处。在显微镜中所观察的就是这个虚像 A″B″。

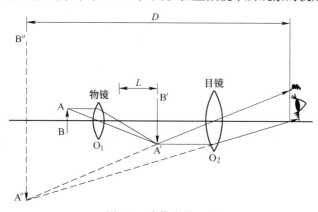

图1-1　成像光学原理

（1）显微镜的放大倍数。

放大倍数由下式确定：

$$M = M_物 \times M_目 = \frac{L}{f_物} \cdot \frac{D}{f_目} \tag{1-1}$$

式中　M——显微镜总放大倍数；

　　　$M_物$——物镜的放大倍数；

　　　$M_目$——目镜的放大倍数；

　　　$f_物$——物镜的焦距；

　　　$f_目$——目镜的焦距；

　　　L——显微镜的光学镜筒长度；

　　　D——明视距离（250mm）。

由上式可知，$f_物$、$f_目$越短或 L 越长，则显微镜的放大倍数越大。

（2）物镜的鉴别率。物镜的鉴别率是指物镜能清晰分辨试样两点间最小距离的能力。物镜鉴别率的数学公式为：

$$d = \frac{\lambda}{2A} \tag{1-2}$$

式中　d——物镜的鉴别率；

　　　λ——入射光源的波长；

　　　A——物镜的数值孔径，它表示物镜的聚光能力。

由公式（1-2）可知，波长 λ 越短，数值孔径 A 越大，则鉴别能力就越高（d 越小），在显微镜中就能看到更细微的部分。数值孔径 A 可由下列公式求出：

$$A = \eta \sin\varphi \tag{1-3}$$

式中　η——物镜与物体之间介质的折射率；

　　　φ——物镜孔径角的一半，即通过物镜边缘的光线与物镜轴线所成的角度。

η 越大或物镜孔径角越大，则数值孔径越大。由于 φ 总是小于90°，所以在空气介质（$\eta=1$）中使用时，数值孔径 A 一定小于1，这类物镜称为干系物镜。当物镜上面滴有松柏油介质（$\eta=1.52$）时，A 值最高可达1.4，这就是显微镜在高倍观察时用的油浸系物镜，每个物镜都有一个设计额定的 A 值，刻在物镜体上。

（3）显微镜的有效放大倍数。由 $M = M_目 \times M_物$ 知，显微镜的同一放大倍数可由不同倍数的物镜和目镜来组合。如45倍的物镜乘以10倍的目镜或者15倍的物镜乘以30倍的目镜都是450倍。对于同一放大倍数，如何合理选用物镜和目镜呢？应先选物镜，一般原则是使显微镜的放大倍数为该物镜数值孔径的500~1000倍，即

$$M = 500A \sim 1000A \tag{1-4}$$

这个范围称为显微镜的有效放大倍数范围，若 $M<500A$，则未能充分发挥物镜的鉴别率；若 $M>1000A$，则形成"虚伪放大"，组织的细微部分将分辨不清。待物镜选定后，再根据所需的放大倍数选用目镜。

（4）景深。景深即垂直鉴别率，反映了显微镜对高低不同的物体能清晰成像的能力。

$$景深 = \frac{1}{7M\sin R} + \frac{\lambda}{2n\sin R} \tag{1-5}$$

式中　M ——放大倍数；

　　　R ——半孔径角；

　　　λ ——波长；

　　　n ——介质折射率。

由式（1-5）可知，n、R 越大，景深越小；物距增加，景深增加。在进行断口分析时，为获得清晰的断口凹凸图像，景深不能太小。

（5）透镜的几何缺陷。单色光通过透镜后，由于透镜表面呈球形，光线不能交于一点，则放大后的像模糊不清，此现象称球面像差。

多色光通过透镜后，由于折射率不同，光线不能交于一点，也会造成模糊图像，此现象称色像差。

减小球面像差的办法：可通过制造物镜时采用不同透镜组合进行校正；调整孔径光阑，适当控制入射光束等办法降低球面像差。

减小色像差办法：可通过物镜进行校正或采用滤色片获得单色光的办法降低色像差。

1.2.2.2　金相显微镜的构造

图 1-2 所示为不同形式的金相显微镜的基本构造及光学行程。

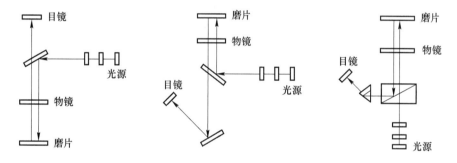

图 1-2　金相显微镜的基本构造及光学行程

金相显微镜分为台式、立式及卧式三种类型，各种类型又有许多不同的型号。虽然显微镜的型号很多，但基本构造大致相同，现以 XJB-1 型金相显微镜为例介绍显微镜的构造。

金相显微镜通常由光学系统、照明系统和机械系统三大部分组成，有的显微镜还附有摄影装置。

XJB-1 型显微镜的光学系统如图 1-3 所示。由灯泡 1 发出的光线经聚光透镜组 2 及反光镜 8 聚集到孔径光阑 9，再经过聚光镜 3 聚集到物镜的后焦面，最后通过物镜平行照射到试样 7 的表面上，从试样反射回来的光线又经过物镜组 6 和辅助透镜 5，由半反射镜 4 转向，经过辅助透镜以及棱镜造成一个被观察物体的倒立的放大实像，该像再经过目镜的放大，就成为在目镜视场中能看到的放大影像。

（1）照明系统：由电源（220V）经变压器（6~8V）使灯泡（6~8V、15W）发光作为光源。光源与聚光镜、孔径光阑、视场光阑等装置，组成显微镜的照明系统。

（2）机械系统及其他各部件：

调焦装置：在显微镜体两侧有粗调和微调旋钮。随粗调旋钮的传动，支撑载物台的弯

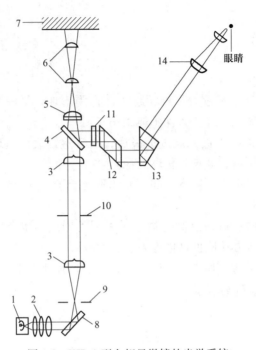

图 1-3　XJB-1 型金相显微镜的光学系统

1—灯泡；2—聚光透镜组；3—聚光镜；4—半反射镜；5，11—辅助透镜；6—物镜组；

7—试样；8—反光镜；9—孔径光阑；10—视场光阑；12，13—棱镜；14—物镜

臂做上下移动，微调旋钮使其沿滑轨缓慢移动。

　　载物台（试样台）：用于放置金相试样。载物台和下面托盘之间有导轨，用手推动，可使载物台在水平面上做一定范围的十字定向移动，以改变试样的观察部位。

　　孔径光阑：它可控制入射光束的粗细，以保证物像达到清晰的程度。

　　视场光阑：它的作用是控制视场范围，使目镜中视场明亮而无阴影。在刻有直纹的套圈上还有两个调节螺钉，用来调整光阑中心。

1.2.2.3　金相显微镜的使用规程及注意事项

　　金相显微镜是贵重精密光学仪器，使用时要细心谨慎。使用前应先了解显微镜的基本原理、构造及各主要部件的位置和作用，然后再按照使用规程和应注意事项进行操作。

　　A　显微镜的使用规程

　　（1）先将显微镜的插头插在低压（6~8V）变压器上，通过变压器接通电源。

　　（2）根据放大倍数选用所需物镜和目镜，分别安装在物镜座及目镜筒上。

　　（3）将试样放在载物台中心，并使观察面朝向物镜。

　　（4）用双手旋转粗调旋钮，将载物台降下，使样品靠近物镜，但不接触，然后边观察目镜边用双手旋转粗调旋钮，使载物台慢慢上升，待看到组织时，再旋转微调旋钮，直至图像清晰为止。

　　B　使用注意事项

　　（1）操作时要细心，动作要轻微。

　　（2）光学系统等重要部件不得自行拆卸。

（3）使用时如出现故障，应及时报告指导教师进行处理。

（4）显微镜各种镜头严禁用手指触摸或用手帕等擦拭，擦拭镜头需用镜头纸。

（5）显微镜的灯泡电压为 6~8V，严禁直接插在 220V 的电源插座上。

（6）在旋转聚焦旋钮时，动作要慢，碰到阻碍时立即停止操作，并报告指导教师进行处理。

（7）使用完毕，关闭电源，将显微镜恢复到使用前状态，经指导老师检查无误后方可离开实验室。

1.3　实验设备与材料

实验设备：金相显微镜。

实验材料：实验样品、金相砂纸、抛光布、抛光膏、脱脂棉、浸蚀剂和竹夹子等。

1.4　实验内容及步骤

实验内容：

（1）制备金相试样。

（2）利用金相显微镜观察所制备的试样，并画出显微组织示意图。

实验步骤：

每人领取一个样品，经过取样、镶嵌、粗磨、细磨、抛光、浸蚀等过程，制备出一个标准的金相试样，然后在金相显微镜下进行观察。

1.5　实验报告要求

（1）简述实验目的、实验原理和实验方法。

（2）如实记录实验结果，并对实验结果进行分析与讨论。

思 考 题

（1）影响金相样品质量的主要因素有哪些？

（2）何为数值孔径，它与显微镜的放大倍数有什么关系？

实验 2　铁碳合金平衡组织观察与分析

2.1　实　验　目　的

（1）观察和识别铁碳合金在平衡状态下的显微组织。

（2）掌握碳含量对铁碳合金平衡组织的影响。

（3）根据平衡组织，应用杠杆定律，估算碳钢的碳含量。

2.2　实　验　原　理

铁碳合金平衡组织指的是在非常缓慢的冷却条件下完成转变所获得的显微组织。在实验条件下，可以将碳钢退火状态下的组织作为钢的平衡组织。铁碳合金平衡组织相图如图 2-1 所示。

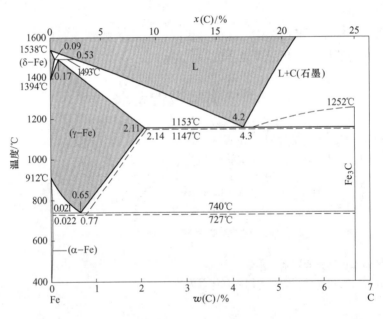

图 2-1　铁碳合金平衡组织相图

2.2.1　铁碳合金的各种基本组织特征

铁碳合金的基本相或组织有铁素体、渗碳体、珠光体和莱氏体。显微组织特征如下：

铁素体：碳溶入 α-Fe 中所形成的间隙固溶体，呈白色块状。

渗碳体：铁和碳所形成的间隙化合物，因抗蚀能力很强，故是白亮的。一次渗碳体呈板状，分布在莱氏体之间；二次渗碳体是从奥氏体中析出的，呈网状分布在珠光体的边界上；三次渗碳体分布在铁素体的边界上，量少极分散，一般看不到。

珠光体：由铁素体和渗碳体所组成的机械混合物，铁素体和渗碳体都呈片层状相间分布。因铁素体和渗碳体边界易腐蚀，故显微镜下看到的是较密的黑条，若放大倍率较低，条间分不清楚，珠光体是黑色的块状。

低温莱氏体：由共晶相变产物莱氏体转变而来，其中的奥氏体室温下转变为珠光体。其特征是黑色棒状或条纹状的珠光体分布在白亮的渗碳体基体上。

各种铁碳合金在室温下的平衡组织见表2-1。

表2-1 各种铁碳合金在室温下的显微组织

合金分类		碳含量/%	显微组织
工业纯铁		低于0.0218	铁素体（F）
碳 钢	亚共析钢	0.0218~0.77	F+珠光体（P）
	共析钢	0.77	P
	过共析钢	0.77~2.11	P+二次渗碳体（C$_{II}$）
白口铸铁	亚共晶白口铸铁	2.11~4.3	P+C$_{II}$+莱氏体（Le'）
	共晶白口铸铁	4.3	Le'
	过共晶白口铸铁	4.3~6.69	Le'+一次渗碳体（C$_{I}$）

2.2.2 碳钢碳含量的估算

2.2.2.1 亚共析钢

亚共析钢是指碳含量在0.0218%~0.77%之间的铁碳合金。亚共析钢的显微组织是由先共析铁素体（呈亮白块状）与珠光体（呈暗黑色）组成。随着碳含量增加，组织中铁素体量逐渐减少，而珠光体量不断增加。当碳含量大于0.6%时，铁素体由块状变成网状分布在珠光体周围。

根据亚共析钢的平衡组织，可用下式估算碳的质量分数：

$$w(C) = K \times 0.77 \qquad (2-1)$$

式中 $w(C)$——钢中碳的质量分数，%；

K——显微组织中珠光体占视域面积的百分数，%；

0.77——珠光体中碳的质量分数，%。

2.2.2.2 过共析钢

过共析钢是指碳含量在0.77%~2.11%之间的铁碳合金。过共析钢的显微组织是由珠光体和二次渗碳体组成。随着碳含量增加，二次渗碳体量增多。经4%硝酸酒精浸蚀后，二次渗碳体呈亮白色网状分布在珠光体周围。若经苦味酸钠溶液煮沸浸蚀后，则二次渗碳体呈黑褐色，铁素体网仍呈白亮色。在显微分析中，常用此法来区分铁素体网和渗碳体网。

若在显微镜下观察到二次渗碳体和珠光体所占的相对面积，根据杠杆定律，可估算钢的碳含量。

例如，二次渗碳体所占相对面积为 3.9%，则

$$(X - 0.77)/(6.69 - 0.77) = 3.9\% \tag{2-2}$$

式中 X ——对应钢中的碳含量。

2.3 实验设备与材料

实验设备：金相显微镜。

实验材料：工业纯铁、亚共析钢、共析钢、过共析钢、亚共晶白口铸铁、共晶白口铸铁和过共晶白口铸铁的平衡态标准试样；退火态的 20 钢、45 钢、T10、T12 试样。

2.4 实验内容及步骤

实验内容：

（1）观察工业纯铁、亚共析钢、共析钢、过共析钢、亚共晶白口铸铁、共晶白口铸铁和过共晶白口铸铁的平衡组织，画出各平衡组织示意图，标明各组织组成物的名称。

（2）根据给定试样的平衡组织，判断合金的种类，即属于哪一类铁碳合金。

（3）根据给定钢的平衡组织，估算钢中的碳含量。

实验步骤：

（1）根据铁碳合金平衡相图，掌握七种典型铁碳合金的平衡结晶过程，明确室温下的显微组织。

（2）在显微镜下观察七种典型合金的室温平衡组织，识别各铁碳合金的组成相与组织形态。

（3）根据试样的组织组成物，判断合金的种类。

（4）利用杠杆定律，估算钢中的碳含量。

2.5 实验报告要求

（1）简述实验目的、实验原理和实验方法。

（2）如实记录实验结果，并对实验结果进行分析与讨论。

思 考 题

（1）讨论铁碳合金碳含量与显微组织的关系。

（2）珠光体组织在低倍观察和高倍观察时有何不同，为什么？

（3）怎样鉴别 0.6%C 钢的网状铁素体和 1.2%C 钢的网状渗碳体？

（4）渗碳体有几种，它们的形态有什么区别？

实验 3　金属的塑性变形与再结晶

3.1　实 验 目 的

（1）分析金属经过冷塑性变形后显微组织及力学性能的变化。
（2）掌握变形度与加热温度对再结晶后晶粒大小的影响。

3.2　实 验 原 理

金属经过冷变形后，产生大量晶体结构缺陷，这些缺陷阻碍了变形的进一步发展，在性能上产生加工硬化现象，在显微组织上，则产生晶粒形状上的改变和出现滑移带。

3.2.1　冷变形后金属的显微组织与力学性能

冷加工变形后，晶粒的大小、形状及分布都会发生改变。晶粒沿外力方向被拉长（或被缩短），当变形度很大时晶界已不明显，分辨不出晶粒形状，看到的只是纤维状组织。

在变形过程中，由于滑移带的转动及晶粒的破碎，晶格弯曲和冷变形使得位错密度增加，造成临界切应力提高，继续变形发生困难即产生所谓的加工硬化现象。

3.2.2　冷加工变形后金属再加热时的变化

金属经过冷塑性变形以后其金相组织处于不稳定状态，因而在随后的加热升温过程中，会出现回复、再结晶及晶粒长大三个过程。再结晶退火后金属发生软化，即加工硬化被消除。再结晶后金属的力学性能取决于晶粒大小，而晶粒大小则受预先冷变形度和再结晶温度的控制。

变形度对再结晶后晶粒长大的影响特别显著。金属存在一个能进行再结晶的最小变形度，此时会得到过大的晶粒，该变形度称为临界变形度（铝大约 3%）。当超过临界变形度时，金属的变形度越大，再结晶后的晶粒越小，而变形度超过 80% 后晶粒又变大。

当变形度一定时，加热温度越高，再结晶进行得越快，再结晶后形成的新晶粒也越大。

3.3　实验设备与材料

实验设备：箱式电阻炉、切板机、万能拉伸机。
实验材料：纯铝片、浓硝酸、浓盐酸、量杯、竹夹子。

3.4　实验内容及步骤

3.4.1　试样准备

本实验使用材料为纯铝片。先将铝板切成条状试片，拉伸前的铝片有一定变形，为消除在剪切过程中铝片所受的冷加工效应，避免影响随后得到的变形度，必须预先将铝片进行退火（500℃，保温 60min），使试片处于软化状态。

3.4.2　加工变形

首先，在退火软化的铝片上划好标距，如图 3-1 所示。然后，将试样安放到拉伸机上，调整好后进行拉伸。当标距被拉长到需要的长度时即停止拉伸，变形严重不均匀者报废。

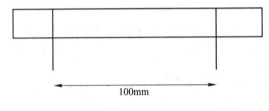

100mm

图 3-1　试样尺寸

拉伸变形度按下式进行计算：

$$\delta = \left[(L - L_0)/L_0 \right] \times 100\% \tag{3-1}$$

式中　δ——变形度，%；

　　L_0——拉伸前标距长度，mm；

　　L——拉伸后标距长度，mm。

本实验所用变形度及试样编号由学生自行确定，应注意不要使试样片受到任何冲击和不应有的变形，以保证实验结果的准确。

3.4.3　再结晶退火

各组将拉伸后的铝片按各组制定的退火温度进行退火。加热时要等炉温升到规定的温度再放试样，保温 60min，试样取出后空冷。

3.4.4　酸浸蚀

将退火后的铝片用混合酸溶液进行浸蚀，待晶粒显出后即停止浸蚀，用水冲洗干净后吹干。

3.4.5　晶粒度测定

铝的形变再结晶晶粒比较粗大，因此肉眼可以直接观测，为了计算晶粒大小，有直接测量晶粒面积或直径法和标准图比较法。其中直径测定法方法如下：

首先在浸蚀好的铝片上用铅笔划 4~5 条线，每条线的长度以能割 10~20 个晶粒为限，大晶粒可以直接目测，细小晶粒可以用放大镜测。数出各直线所截完整的晶粒数及不完整的晶粒数的一半（两个不完整的晶粒数算一个），代入式（3-2）即可求出晶粒的平均直径 D_m（μm）。

$$D_m = (S \cdot P \times 10^3)/(Z \cdot V) \tag{3-2}$$

式中　S ——所划直线长度，一般取 30~50mm；

　　　P ——平行直线数目；

　　　Z ——总晶粒数；

　　　V ——放大倍数（目测时 $V=1$，放大镜测时 V 不等于 1）。

3.5　实验报告要求

（1）简述实验目的、实验原理和实验方法。

（2）如实记录实验数据，分析实验结果并展开讨论。

（3）绘出金属经不同变形度后，再结晶退火的组织示意图。

思 考 题

分析经预先塑性变形度的金属在不同退火温度和保温时间条件下，其再结晶后的组织。

实验 4　奥氏体晶粒度的测定

4.1　实　验　目　的

（1）深化对钢的晶粒度的理解。
（2）了解显示奥氏体晶粒的方法。
（3）掌握测定钢中奥氏体晶粒度的方法。

4.2　实　验　原　理

金属及合金的晶粒大小与金属材料的力学性能、工艺性能及物理性能有着密切的关系。细晶粒金属材料的力学性能、工艺性能均比较好，它的冲击韧性和强度都比较高，塑性好，易于加工，在淬火时不易变形和开裂。

金属材料的晶粒大小称为晶粒度，评定晶粒粗细的方法称为晶粒度的测定。

为了便于统一比较和测定，国家制定了统一的标准晶粒度级别，见表 4-1。按晶粒大小分为 8 级，1~3 级为粗晶粒，4~6 级为中等晶粒，7~8 级为细晶粒。钢的晶粒度测定，分为测定奥氏体本质晶粒和实际晶粒。本实验首先显示出钢的奥氏体晶粒，然后进行晶粒度测定。

表 4-1　晶粒度级别标准

晶粒度号	放大 100 倍时，每 645mm² (1in²) 面积内所含晶粒数目			实际 1mm² 面积平均含有晶粒数	平均每一晶粒所占面积 /mm²	计算的晶粒平均直径 /mm	弦的平均长度/mm
	最多	最少	平均				
-3[①]	0.09	0.05	0.06	1	1	1	0.886
-2[①]	0.19	0.09	0.12	2	0.5	0.707	0.627
-1[①]	0.37	0.17	0.25	4	0.25	0.500	0.444
0	0.75	0.37	0.5	8	0.125	0.363	0.313
1	1.5	0.75	1	16	0.0625	0.250	0.222
2	3	1.5	2	32	0.0312	0.177	0.157
3	6	3	4	64	0.0156	0.125	0.111
4	12	6	8	128	0.0078	0.088	0.0783
5	24	12	16	256	0.0039	0.062	0.0553
6	48	24	32	512	0.0019	0.044	0.0391
7	96	48	64	1024	0.0098	0.031	0.0267
8	192	96	128	2048	0.00049	0.022	0.0196
9	384	192	256	4096	0.000244	0.0156	0.0138
10	768	384	512	8192	0.000122	0.0110	0.0098
11	1536	768	1024	16384	0.000061	0.0078	0.0069
12	3072	1536	2048	32768	0.000030	0.0055	0.0049

①为了避免在晶粒度号前出现"-"号，近来有人把-3，-2，-1 等晶粒度改写为 0000，000 及 00 号。

4.3 实验设备与材料

实验设备：金相显微镜。

实验材料：碳钢试样、各号金相砂纸、抛光布、抛光膏、脱脂棉、3%~5%硝酸酒精溶液、竹夹子等。

4.4 实验内容及步骤

钢的晶粒度测定，分为奥氏体本质晶粒度和实际晶粒度的测定。

实验中首先显示出钢的奥氏体晶粒，然后进行奥氏体晶粒度测定。

4.4.1 奥氏体晶粒的显示

由于奥氏体在冷却过程中发生相变，因而在室温下一般已不存在。要确定钢的奥氏体晶粒大小，必须设法在冷却以后仍能显示出奥氏体原来的形状和大小，常用的方法如下。

4.4.1.1 常化法

试样加热到所需的温度，保温后在空气中冷却。对于中碳钢（0.30%~0.6%C），当试样加热到 A_{c_3} 以上温度以后，在空气中冷却时通过临界温度区域，会沿着奥氏体晶粒边界析出铁素体网。对于过共析碳钢，试样加热到 A_{cm} 以上后缓冷，可根据沿晶界析出的渗碳体网来确定晶粒度。

4.4.1.2 氧化法

将抛光的试样置于弱氧化气氛的炉中加热一定时间后，放于水中淬火或空气中冷却，试样在炉中形成一层氧化膜。由于晶界较晶内化学活性大，氧化深，所以能在100倍显微镜下直接观察到晶粒。如晶界不太清楚可轻度抛光，再用4%苦味酸酒精溶液浸蚀，便可以显露出原来的奥氏体晶粒，看到晶界呈黑色网络，可用于测定亚共析碳钢、共析碳钢及合金钢的奥氏体晶粒度。

4.4.1.3 渗碳法

将试样放于有 40%BaCO$_3$+60%木炭 或 30%Na$_2$CO$_3$+70%木炭 的渗碳箱中，加热到920~940℃保温8h，然后缓慢冷却。此法常用来测定低碳钢的奥氏体晶粒度。

除上述方法以外，还有油淬法、晶界腐蚀法、金属扩散法等。

4.4.2 测定晶粒度的方法

下面介绍两种测定晶粒度的方法。

4.4.2.1 比较法

测定晶粒度时，把已制备好的试样放在100倍显微镜下进行观察，然后与标准晶粒度级别图进行比较，将最近似的晶粒度级别定为试样的晶粒度级别。如果显微镜的放大倍数不是100倍，仍可按标准晶粒度级别图测定观察时的晶粒度，然后再查有关附表换算成100倍时的标准晶粒度级别。若试样晶粒不均，则可记为7~8级，7~5级等，前一级别的晶粒占多数。

4.4.2.2 弦长计算法

先选择待测试样有代表性的部位，在显微镜下直接测定，或摄成金相照片，放大倍数一般为 100 倍。当晶粒过大或过小时，放大倍数可适当缩小或放大，以视场内不少于 50 个晶粒为限，用带有标尺或线段（亦可为一个圆圈）的目镜，数出所截的晶粒总数，如为照片，则在照片上画出几条线段，数出所截的晶粒总数。线段端部或尾部未被完全截的晶粒，应以一个晶粒计之，然后按下式计算弦的平均长度，查表 4-1 确定晶粒度级别。

$$d = \frac{n \cdot L}{\tau M}$$

式中　　d——弦的平均长度，mm；

　　　　n——线段条数，一般为 3 条；

　　　　L——每条线段长度，mm；

　　　　τ——所截晶粒总数；

　　　　M——放大倍数。

如用带有线段或圆圈的目镜测定时，因线段或圆周长度，已用该放大倍数的显微测微尺标定，所以用上式时不再考虑放大倍数。

4.5 实验报告要求

（1）简述实验目的、实验原理和实验方法。

（2）如实记录实验数据，分析实验结果并展开讨论。

思 考 题

（1）分析加热温度对奥氏体晶粒大小的影响。

（2）分析奥氏体晶粒大小对金属材料力学性能的影响。

（3）为什么要进行本质晶粒度的测定？

实验 5　合金钢的显微组织观察与分析

5.1　实 验 目 的

（1）掌握几种典型合金钢的显微组织特征。
（2）了解合金钢的成分、显微组织与性能间的关系。

5.2　实 验 原 理

合金钢的显微组织比碳钢复杂，在合金钢中存在的基本相有：合金铁素体、合金奥氏体、合金碳化物（包括合金渗碳体及特殊碳化物）及金属化合物等，其中合金铁素体与合金渗碳体及大部分的合金碳化物的组织特征，与碳钢中的铁素体和渗碳体无明显区别，而合金钢中的金属化合物的组织形态则随种类不同而各异，合金奥氏体在晶粒内常常存在滑移线和孪晶的特征。

合金钢按用途可分为结构钢、工具钢和特殊性能钢三大类。合金钢的显微组织因其处理方法不同，处于不同状态下则有不同的组织，如退火状态有铁素体+珠光体、珠光体、珠光体+碳化物和莱氏体等，正火状态有珠光体、贝氏体、马氏体和奥氏体等，还有些钢在固态下具有铁素体组织，被称为铁素体钢，如高铬不锈钢。以下介绍几种典型的合金钢。

5.2.1　合金结构钢

5.2.1.1　合金渗碳钢

合金渗碳钢是在碳素渗碳钢中加入合金元素 Cr、Mn、Ni 等所形成的钢种，渗碳表面具有高硬度和高耐磨性，而心部具有较高的韧性和足够的强度，主要用于制造表面承受强烈磨损，并承受动载荷的零件，如汽车上的变速齿轮、内燃机上的活塞销等，是机械制造中应用较广泛的钢种。

合金渗碳钢的最终热处理工艺是：渗碳、淬火和低温回火。热处理后渗碳层的组织是合金渗碳体和回火马氏体及少量残余奥氏体。20CrMnTi 钢渗碳淬火回火后的显微组织如图 5-1 所示。

5.2.1.2　合金调质钢

合金调质钢是在碳素调质钢中加入合金元素 Cr、Ni 、Mn、Si 等，经调质处理后使用的结构钢，具有强而韧的良好综合力学性能，是制造承受较复杂、多种工作载荷零件的合适材料。常用于制造承受较大载荷，同时还承受一定冲击的机械零件，如机床主轴、齿轮等，是机械制造用钢中应用最广泛的结构钢。

合金调质钢使用态的显微组织是：回火索氏体（合金铁素体和合金渗碳体的混合物）。与普通回火索氏体比较，其中的合金渗碳体质点很细，而且保留有针状（或板条状）铁素体基体。40Cr 钢调质处理后的显微组织如图 5-2 所示。

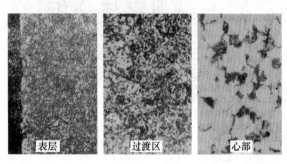

图 5-1　20CrMnTi 钢 920℃渗碳淬火回火后的显微组织　　　　图 5-2　40Cr 钢调质处理后的显微组织

5.2.1.3　合金弹簧钢

合金弹簧钢是在碳素弹簧钢的基础上主要加入合金元素 Mn、Si、Cr、V 等，提高钢的屈服强度和屈服比，具有很高的弹性极限和疲劳强度，并有一定的塑性和韧性，用于制造截面尺寸较大、承受较重载荷的弹簧和各种弹性零件。

合金弹簧钢的最终热处理工艺是：淬火+中温回火。热处理后的显微组织是回火屈氏体。60Si2Mn 钢淬火+中温回火后的显微组织如图 5-3 所示。

5.2.1.4　合金轴承钢

滚动轴承钢是用来制造轴承的内圈、外圈和滚动体的专用钢，添加的合金元素主要是 Cr，具有高的硬度、耐磨性、弹性极限和接触疲劳强度。

轴承钢的预备热处理工艺是正火+球化退火，获得的显微组织是球状珠光体，如图 5-4 所示；最终热处理工艺是淬火+低温回火，获得的显微组织是隐针或细针回火马氏体+均匀分布的细粒状碳化物+少量残余奥氏体。

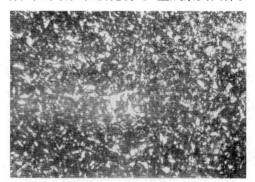
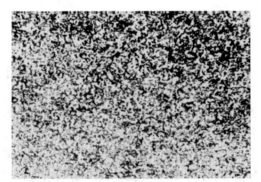

图 5-3　60Si2Mn 钢热处理后的显微组织　　　　图 5-4　GCr15 球化退火后的显微组织

5.2.2　合金工具钢

高速钢是典型的高合金工具钢，具有良好的红硬性（或热硬性），典型钢种有 W18Cr4V 和 W6Mo5Cr4V2。高速钢中由于存在大量的合金元素，因此除了形成合金铁素体与合金渗碳体外，还会形成各种合金碳化物（如 Fe_4W_2C、VC 等），这些组织特点决定了高速钢具有优良的切削性能。

按组织特点，高速钢属于莱氏体钢，在铸态组织中出现莱氏体组织。W18Cr4V钢铸态下的显微组织有鱼骨状共晶莱氏体、δ共析体（暗黑色）、马氏体（白亮色）及残余奥氏体，如图5-5所示。

铸态高速钢组织很不均匀，有粗大的碳化物，必须经反复锻造，使碳化物锻碎且均匀分布。W18Cr4V钢锻造后的显微组织为珠光体+马氏体的基体上分布有均匀的碳化物。由于硬度较高不利于切削加工，要进行退火。退火后的显微组织为珠光体+碳化物，如图5-6所示，其中粗大白亮色的颗粒为初生共晶碳化物，较小的为二次碳化物及珠光体内的共析碳化物。退火后的硬度为207~255HB。

图5-5　W18Cr4V钢的铸态组织

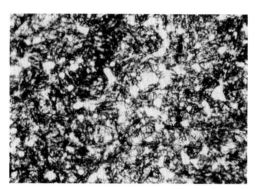

图5-6　高速钢W18Cr4V的退火组织

高速钢W18Cr4V淬火后的显微组织是马氏体+未溶碳化物+残余奥氏体。马氏体呈隐针状，很难显示出针状形态，但能看到明显的奥氏体晶界及分布的未溶碳化物，如图5-7所示。淬火后硬度为61~62HRC。

高速钢W18Cr4V1280℃淬火后需经560℃三次回火，其显微组织为回火马氏体+过剩碳化物+少量的残余奥氏体（约2%~3%），如图5-8所示。回火后硬度为63~65HRC。

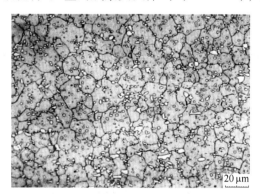

图5-7　高速钢W18Cr4V的淬火组织

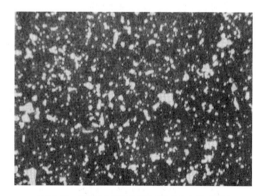

图5-8　高速钢淬火及三次回火的组织

5.2.3　特殊性能钢

5.2.3.1　不锈钢

不锈钢中应用最广的为0Cr18Ni9，是含有17.00%~19.00%Cr、8.00%~11.00%Ni、

≤0.06%C 的奥氏体不锈钢，这种钢如缓冷到室温时，在奥氏体晶界处常会出现碳化物和铁素体，产生晶间腐蚀现象，所以必须进行固溶处理（1100℃水淬），使其组织呈现出单一的奥氏体晶粒（内有孪晶）（图 5-9），才具有良好的耐腐蚀性能。

5.2.3.2　耐磨钢

ZGMn13 钢是含有 0.9%~1.3%C 和 10%~14% Mn 的高锰钢，目前广泛应用于制造耐磨零件。高锰钢由于有强烈的加工硬化现象，难以切削加工，因此常以铸造状态使用。铸造高锰钢的显微组织为奥氏体与碳化物，由于碳化物沿晶界分布，使钢呈现出相当大的脆性，为了得到单相奥氏体组织，需进行水韧处理（1000~1050℃水冷）。水韧处理后的显微组织如图 5-10 所示。此钢在承受塑性变形时，强化和硬化的倾向很大，因此有很好的耐磨性。

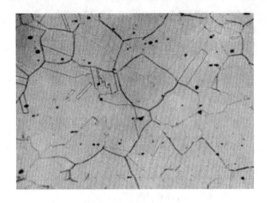 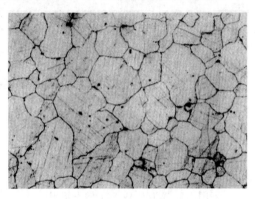

　　图 5-9　奥氏体不锈钢固溶处理后的组织　　　　图 5-10　ZGMn13 钢水韧处理后的组织

5.3　实验设备与材料

实验设备： 金相显微镜。
实验材料： 典型合金钢的金相样品。

5.4　实验内容及步骤

实验内容：
（1）观察典型合金钢的显微组织，画出显微组织示意图。
（2）根据合金钢的化学成分和处理工艺，分析显微组织的形成规律。
实验步骤：
　　首先，根据合金钢的平衡相图、化学成分和处理工艺，判断合金应获得的显微组织。其次，对给定的金相试样在显微镜下进行观察，识别显微组织中各相组成，画出显微组织示意图，并标明组织组成物。

5.5　实验报告要求

（1）简述实验目的、实验原理和实验方法。

（2）画出所观察样品的显微组织示意图，并标明组织组成物。

（3）对实验结果进行分析与讨论。

思 考 题

分析合金钢中合金元素对显微组织与性能的影响规律。

实验 6　钢中典型缺陷组织的分析与评定

6.1　实　验　目　的

（1）了解钢中几种常见缺陷组织的特征及产生原因。

（2）学习缺陷组织的评级方法。

6.2　实　验　原　理

合金由液态凝固时，一般都是以枝晶方式生长，由此会使合金锭存在不同程度的组织、成分偏析。在后续的热轧等加工过程中，这些组织、成分的偏析会形成各种不同程度的缺陷。此外，合金材料在锻造及热处理过程中，如控制不当也会产生缺陷。生产中典型的缺陷组织包括钢材表面脱碳、带状组织、网状碳化物、液析碳化物、魏氏组织等。由于这些缺陷组织对钢的综合力学性能、工艺性能、服役性能都会造成不同程度的影响，因此应了解各种缺陷组织的特征，并对其进行评定。

6.2.1　脱碳

脱碳是钢在加热和保温过程中，由于周围空气对其表面所产生的化学作用，以及其表面碳的扩散作用，使其表层碳含量降低的现象。脱碳会降低淬火钢的表面硬度和耐磨性，直接影响工具、刃具和轴承等的使用寿命。

脱碳层可分为全脱碳层和部分脱碳层，总脱碳层深度为二者深度之和，即从产品表面到碳含量等于基体碳含量的那一点的距离。全脱碳层都为铁素体组织，部分脱碳层包括铁素体组织和其他组织。

钢的脱碳层深度可按显微组织法或硬度法进行测定。显微组织法是在放大 100 倍下根据钢的组织差异测定脱碳深度的方法。根据钢件的技术条件的要求，有的测量总脱碳层深度，有的测量全脱碳层深度，但大多是测量总脱碳层深度（见图 6-1、图 6-2）。

硬度法是根据硬度值来测定脱碳层深度，具有以下几种标准：

（1）由试样边缘测至技术条件规定的硬度值处。

（2）由试样边缘测至硬度值平稳处。

（3）由试样边缘测至硬度平稳值的某一百分数处。

6.2.2　带状组织

经热加工后的亚共析钢，在与轧制方向平行的截面上往往会出现铁素体与珠光体交替成层状分布的组织，称为带状组织（图 6-3）。带状组织使钢的力学性能具有方向性，即沿着带状纵向强度高、韧性好，横向强度低、韧性差。带状组织还易使工件在热处理时产生畸变。

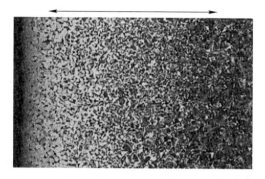

图 6-1　碳素钢表面脱碳层　100×

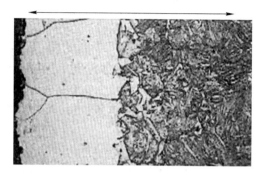

图 6-2　60Si2MnA 弹簧钢表面脱碳层　500×

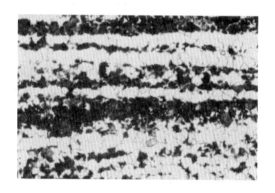

图 6-3　20 钢带状组织形貌　100×

　　带状组织的形成主要有内外两种原因。内因是成分偏析，即钢锭内的组织枝晶偏析以及硫、磷等杂质元素的偏析及夹杂物的影响。外因则是不恰当的热加工工艺，比如热加工温度低、冷却速度慢等。

　　铁素体-珠光体带状组织的评定原则：在放大 100 倍下根据铁素体和珠光体定向排列的不均匀程度，对照标准评级图进行评定（表 6-1 及附录 1）。评级图分 A、B、C 3 个系列，每系列分 6 个级别。

表 6-1　带状组织评级说明

级别	组织特征（100 倍下）		
	A 系列 （$w(C) \leqslant 0.15\%$ 的钢）	B 系列 （$w(C) \leqslant 0.16\% \sim 0.3\%$ 的钢）	C 系列 （$w(C) \leqslant 0.31\% \sim 0.5\%$ 的钢）
0	等轴的铁素体晶粒和少量的珠光体，没有带状	均匀的铁素体-珠光体组织，没有带状	均匀的铁素体-珠光体组织，没有带状
1	组织的总取向为变形方向，带状不很明显	组织的总取向为变形方向，带状不很明显	铁素体聚集，沿变形方向取向，带状不很明显
2	等轴铁素体晶粒基体上有 1~2 条连续的铁素体带	等轴铁素体晶粒基体上有 1~2 条连续的和几条分散的等轴铁素体带	等轴铁素体晶粒基体上有 1~2 条连续的和几条分散的等轴铁素体-珠光体带

级别	组织特征（100 倍下）		
	A 系列 （$w(C)$ ≤0.15%的钢）	B 系列 （$w(C)$ ≤0.16%~0.3%的钢）	C 系列 （$w(C)$ ≤0.31%~0.5%的钢）
3	等轴铁素体晶粒基体上有几条连续的铁素体带穿过整个视场	等轴晶粒组成几条连续的贯穿视场的铁素体-珠光体交替带	等轴晶粒组成几条连续的铁素体-珠光体带贯穿整个视场
4	等轴铁素体晶粒和较粗的变形铁素体晶粒组成贯穿视场的交替带	等轴晶粒和一些变形晶粒组成贯穿视场的铁素体-珠光体均匀交替带	等轴晶粒和一些变形晶粒组成贯穿视场的铁素体-珠光体均匀交替带
5	等轴铁素体晶粒和大量较粗的变形铁素体晶粒组成贯穿视场的交替带	以变形晶粒为主构成贯穿视场的铁素体-珠光体不均匀交替带	以变形晶粒为主构成贯穿视场的铁素体-珠光体不均匀交替带

6.2.3　网状碳化物

过共析钢在热加工后的冷却过程中，其过剩的碳化物在晶粒边界上析出所构成的网络，称为网状碳化物。网状碳化物的形成与热加工制度以及钢锭中碳化物偏析程度有关。热加工温度过高，冷速过慢，均使碳化物沿奥氏体晶界呈网状分布。网状碳化物破坏了晶粒间的正常联系，使得钢材在加工过程中晶界易开裂，而对合金工具钢和高碳铬轴承钢来说，网状碳化物将降低钢的耐磨性。

网状碳化物的评定原则：在放大 500 倍下，根据网络的粗细与完整程度，对照标准评级图进行评定（表6-2 及附录1）。

表6-2　网状碳化物评级说明

级别	碳素工具钢	合金工具钢	高碳铬轴承钢
1	颗粒碳化物均匀分布，只少量碳化物呈线段状分布	碳化物不均匀分布，部分碳化物连成线段状	碳化物均匀分布，少量碳化物呈短的点线状
2	断续碳化物形成半网	碳化物聚集分布，部分碳化物呈半网趋势	碳化物分布不太均匀，少量碳化物排成线段状
3	断续碳化物呈不完全网状	碳化物聚集分布，并出现断续而未封闭的网状	断续碳化物呈半网状趋势
4	断续碳化物呈封闭网状	线段状碳化物组成封闭的网状	

6.2.4　液析碳化物

高碳铬轴承钢钢锭凝固时，钢液中局部富碳和富合金元素处，由于产生明显的枝晶偏析而形成的共晶组织，称为液析碳化物。该组织在热加工时被碎成断续的串链状沿轧制方向分布，这也属于碳化物不均匀度的一类缺陷。液析碳化物对含铬轴承钢危害极大，它将大大降低钢的力学性能，特别是影响钢件的表面粗糙度。因为液析碳化物硬而脆，在热处理时易淬裂，液析碳化物的剥离将成为零件磨损的起源。

液析碳化物的评定原则：液析碳化物分为条状和链状两类。在放大 100 倍下根据碳化物聚集程度、数量、长度，对照标准评级图进行评定（附录1）。

6.2.5 魏氏组织

当亚共析钢或者过共析钢在高温以较快的速度冷却时，先共析的铁素体或者渗碳体从奥氏体晶界上沿一定的晶面向晶内生长，呈针状析出。先共析的铁素体或渗碳体近似平行，呈羽毛或三角状，其间存在着珠光体，该组织即为魏氏组织。魏氏组织一般由两种原因造成：一是热处理温度较高，导致奥氏体晶粒粗大；二是冷却速度较快。如果奥氏体晶粒异常粗大，即使冷速不大也能形成魏氏组织，这也是大部分魏氏组织的形成原因。魏氏组织会造成钢的力学性能，尤其是冲击韧性的下降，严重时造成零件使用过程中脆性断裂。

魏氏组织的评定原则：在放大100倍下，根据铁素体的发展及晶粒度的大小按标准评级图进行评定（表6-3及附录1）。评级图有A、B两个系列（碳含量0.15%~0.30%的钢材适于A系列，碳含量0.31%~0.50%的钢材适于B系列），每个系列分6个级别。

表6-3　魏氏组织评级说明

级　别	组　织　特　征
0	等轴的珠光体和铁素体晶粒，无魏氏组织
1	出现轻微的针状铁素体
2	在晶界处针状铁素体有所发展
3	针状铁素体分布在晶界上，少量在晶粒内部出现
4	针状铁素体分布在晶界上，有较多在晶粒内部出现
5	针状铁素体分布在晶界上，同时在晶粒内部有大量的针状铁素体

6.3　实验设备与材料

实验设备： 金相显微镜、砂轮机。

实验材料： 各种带有缺陷组织的钢试样、金相砂纸、抛光布、抛光膏、4%硝酸-酒精溶液等。

6.4　实验内容及步骤

实验内容：

（1）测量高碳钢脱碳层的深度。

（2）评定低碳钢带状组织的级别。

（3）评定高碳钢网状碳化物的级别。

（4）评定轴承钢液析碳化物的级别。

（5）评定低碳钢魏氏组织的级别。

实验步骤：

（1）磨制试样。用砂轮将试样倒角并磨平（观察脱碳层的试样不能倒角，最好进行镶嵌），磨平的试样按砂纸的粒度由粗到细的顺序进行细磨，磨制过程中试样要单程单向地反复进行。

（2）抛光试样。在抛光机上抛光试样至磨面光亮无痕，然后用清水冲洗干净，再用无水酒精清洗后吹干。

（3）浸蚀试样。用浸蚀剂浸蚀试样，浸蚀时间要适当，磨面发暗即止。

（4）观察缺陷组织。逐块观察钢试样的脱碳层组织、带状组织、网状碳化物、液析碳化物、魏氏组织；对照国标评级图评定各试样组织缺陷的级别。

6.5　实验报告要求

（1）简述实验目的、实验原理和实验方法。

（2）画出缺陷组织示意图，并说明其特征。

（3）如实记录各缺陷组织级别，分析影响其级别的可能因素。

思 考 题

简述钢中各种缺陷组织产生的可能原因及其消除方法。

实验 7　钢中非金属夹杂物的金相鉴定

7.1　实　验　目　的

（1）掌握钢中常见非金属夹杂物的形貌特征。

（2）学习利用金相显微镜鉴定非金属夹杂物。

7.2　实　验　原　理

钢中非金属夹杂物一般都呈独立相存在，主要由炼钢过程中的脱氧产物和钢液凝固时一系列物化反应所形成的各种夹杂物组成。非金属夹杂物的存在破坏了钢材基体的连续性，使钢材组织的不均匀性增大。非金属夹杂物对钢材的力学性能、疲劳性能、耐腐蚀性能等都有重要的影响。

由于钢中非金属夹杂物的出现几乎是不可避免的，因此需要对其进行金相鉴定，以确保钢材的质量。

7.2.1　非金属夹杂物对钢材性能的影响

钢中非金属夹杂物对性能的影响主要有以下几个方面：

（1）冷加工和热处理时，由于夹杂物破坏了钢组织的连续性，一旦钢材受拉应力或切应力作用，沿夹杂物分布方向就易断裂。通常情况下，硫化物造成热脆，而磷化物造成冷脆。

（2）夹杂物对钢材的伸长率和断面收缩率等塑性指标有重要影响。

（3）夹杂物降低钢的耐磨性和耐蚀性，并导致带状组织的形成。此外，对钢材的物理性能，如电阻、磁性、膨胀系数等也有重要影响。

（4）热处理过程中，夹杂物会造成钢件的应力集中，从而淬火时在应力集中区产生裂纹。

7.2.2　非金属夹杂物的形态特征

钢中常见的非金属夹杂物按可塑性分为塑性夹杂物（FeS、MnS）、脆性夹杂物（Al_2O_3、Cr_2O_3）和不变形夹杂物（SiO_2）。

按化学成分非金属夹杂物则可分为硫化物系、氮化物系、氧化物系、硅酸盐系四大类。其具体特征如下。

7.2.2.1　硫化物系列

硫化物是钢液中所含的硫在钢液凝固时以沉淀物析出形成的产物，主要有硫化亚铁

（FeS）和硫化锰（MnS），以及它们的共晶体。在钢材中，硫化物常沿钢材伸长方向被拉长呈长条状或者纺锤形，塑韧性较好（图 7-1）。硫化铁往往独立存在于铁素体中，具有不同的形状。在明场下，硫化铁为淡黄色，硫化锰为灰蓝色；但硫化锰很少独立存在，硫化铁与硫化锰的共晶体在明场下为灰黄色；在暗场下硫化物一般不透明但有明显的界限；在偏光下它们都不透明。

7.2.2.2　氮化物系列

氮化物为脆性化合物，它在钢中不沉淀，常与亲和力强的钛、钒、锆等元素形成稳定的氮化物或复杂氮化物型夹杂物。钢中最常见的氮化物为氮化钛（TiN），呈三角形、正方形、矩形、梯形等形态（图 7-2）。在明场下呈金黄色，在暗场下不透明，在偏光下呈各向异性且不透明。

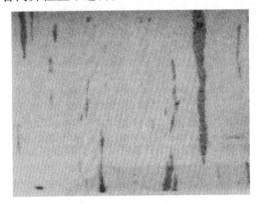

图 7-1　钢中硫化物夹杂（400×）　　　图 7-2　氮化钛（TiN）夹杂物（500×）

7.2.2.3　氧化物系列

氧化物为脆性夹杂物，钢中常见的氧化物有氧化亚铁（FeO）、氧化亚锰（MnO）、氧化铬（Cr_2O_3）、氧化铝（Al_2O_3）等。压力加工后，氧化物沿轧向呈不规则的点状或细小碎块聚集而成的带状分布（图 7-3、图 7-4）。明场下氧化物呈灰色；暗场下 Al_2O_3 透明且呈亮黄色，FeO 不透明且沿边界有薄薄的亮带，MnO 呈透明绿宝石色，Cr_2O_3 不透明且有很薄一层绿色；在偏光下 FeO、MnO 呈各向同性，Cr_2O_3、Al_2O_3 呈各向异性。

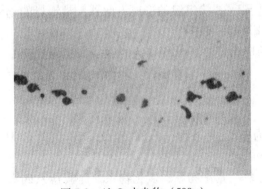
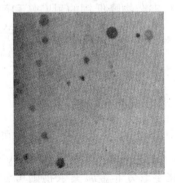

图 7-3　Al_2O_3 夹杂物（500×）　　　图 7-4　FeO 夹杂物（500×）

7.2.2.4　硅酸盐系列

常见的硅酸盐类夹杂物有 $2FeO \cdot SiO_2$、$2MnO \cdot SiO_2$、$3Al_2O_3 \cdot 2SiO_2$ 等。在明场下

均呈暗灰色，带有环状反光和中心亮点；在暗场下，一般均透明，并带有不同色彩；在偏光下，除多数铁锰硅酸盐为各向同性外，其余均为各向异性。图 7-5 为硅酸盐夹杂物的明场和暗场像。

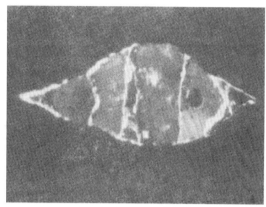

(a) 明场像　　　　　　　　　　　　　　　　　　(b) 暗场像

图 7-5　硅酸盐夹杂物（500 ×）

7.2.3　非金属夹杂物的金相鉴定方法

金相方法鉴别钢中非金属夹杂物是利用夹杂物本身在明场、暗场和偏振光下的一些特征来判断夹杂物的类型，根据夹杂物的数量和分布情况评判其对钢材性能的影响。

（1）明场。用于鉴别夹杂物的数量、类型、形状、分布、抛光性和色彩，通常在 100~500 倍下进行。不透明夹杂物呈浅灰色或其他颜色，透明的夹杂物颜色较暗。

（2）暗场。用于鉴别夹杂物的透明度、色彩。透明夹杂物发亮，不透明夹杂物呈暗黑色，有时有亮边。

（3）偏光。用于鉴别夹杂物的各向同性和各向异性，色彩及黑十字等现象。

金相法鉴定夹杂物简单直观，但不能确定夹杂物的成分和晶体结构。

非金属夹杂物的金相鉴定注意事项：

（1）检验轧制钢材或锻造钢件的非金属夹杂物，应从钢材的纵剖面截取试样。因为，易变形的非金属夹杂物总是沿钢材变形方向伸长的，脆性夹杂物也均沿变形方向排列，所以纵剖面试样是具有代表性的。

（2）分析夹杂物的试样经磨制抛光后一般不浸蚀，直接在显微镜下观察分析。制备好的试样必须保证夹杂物不脱落，外形完整没有拖尾、扩大等现象，观察面上应无污物、麻坑、划痕等缺陷。

（3）抛光后的试样置于显微镜下进行观察时，上面的黑点、灰块等并不一定都是夹杂物，有时抛光不当会出现麻坑。此时，若直接将试样放大 100 倍进行分析，就可能得出错误的结论。真假夹杂物一般可用变换焦距的方法来鉴别。如果是污垢或凹坑，均与基体不在同一平面上，因为焦距的变化使污垢和凹坑的大小也随之改变，且其轮廓线都较粗糙；而夹杂物则没有以上变化。此外，也可利用暗场来识别污垢、凹坑和夹杂物，前两者在暗场下明显发亮。

30

（4）检验钢中的非金属夹杂物，可根据在光学显微镜明场下观察到的夹杂物形态、色彩和分布情况，确定夹杂物是脆性的还是塑性的，然后通过暗场和偏光具体鉴定夹杂物的类型。

7.3　实验设备与材料

实验设备：金相显微镜、砂轮机。
实验材料：各种夹杂物钢试样、金相砂纸、抛光布、抛光膏等。

7.4　实验内容及步骤

实验内容：
（1）分别在明场照明、暗场照明及偏振光下观察各个钢试样。
（2）辨别钢试样中的硫化物、氧化物、氮化物及硅酸盐等非金属夹杂物的形态特征。
实验步骤：
（1）磨制试样。磨制试样过程中尽量避免使用砂轮。细磨时按砂纸的粒度由粗到细的顺序磨制。磨制过程中将试样与砂纸轻轻摩擦即可，脱落的砂粒必须及时清除。抛光时应先用抛光粉粗抛，最后再用清水精抛。
（2）鉴定试样。在显微镜下利用明场观察夹杂物的颜色、形状、大小和分布；在暗场下观察夹杂物的固有色彩和透明度；在偏振光下观察夹杂物的各种光学性质，从而判断夹杂物的类型。

7.5　实验报告要求

（1）简述实验目的、实验原理和实验方法。
（2）画出夹杂物示意图，并说明其特征。

思 考 题

（1）分析钢中夹杂物产生的可能原因。
（2）简述从钢锭截取试样时的注意事项。
（3）分析轴承钢中的夹杂物对性能的影响。

实验 8 铸铁的显微组织观察与分析

8.1 实 验 目 的

（1）掌握几种常见铸铁的显微组织特征。
（2）了解不同铸铁的组织、性能及其应用。

8.2 实 验 原 理

根据石墨的形态，铸铁可分为灰口铸铁（石墨呈片状）、可锻铸铁（石墨呈团絮状）、球墨铸铁（石墨呈球状）和蠕墨铸铁（石墨呈蠕虫状）等。

8.2.1 灰口铸铁

灰口铸铁中碳全部或部分以片状石墨形式存在，断口呈灰黑色。其显微组织根据石墨化的程度不同可分为铁素体、珠光体或铁素体+珠光体基体上分布片状石墨。铁素体基体灰口铸铁的显微组织如图 8-1 所示。

图 8-1 铁素体基体灰口铸铁的显微组织

普通灰口铸铁中石墨片粗大，如浇注前在铁水中加入孕育剂，则石墨以细小片状形式析出，这种铸铁称为孕育铸铁。

在铸铁中由于含磷较高，在实际铸造条件下磷常以 Fe_3P 的形式与铁素体和 Fe_3C 形成硬而脆的磷共晶，因此在灰口铸铁的显微组织中，除基体和石墨外，还可以见到具有菱角状沿奥氏体晶界连续或不连续分布的磷共晶（又称斯氏体）。用硝酸酒精或苦味酸腐蚀时 Fe_3P 不受腐蚀，呈白亮色，铁素体光泽较暗，在磷共晶周围通常总是珠光体。由于磷共晶硬度很高，所以磷共晶若以少量均匀孤立地分布时，有利于提高耐磨性，并不影响强度。磷共晶如形成连续网状，则会使铸铁强度和韧性显著降低。

8.2.2　可锻铸铁

可锻铸铁又称展性铸铁，它是由一定成分的白口铸铁经石墨化退火处理得到的，其中石墨呈团絮状，故显著地减弱了石墨对基体的割裂作用，其力学性能比普通灰口铸铁有显著的提高。可锻铸铁分铁素体可锻铸铁和珠光体可锻铸铁两种，前者应用较多。铁素体可锻铸铁的显微组织如图 8-2 所示。

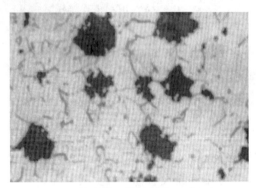

图 8-2　铁素体可锻铸铁的显微组织

8.2.3　球墨铸铁

球墨铸铁属高强铸铁，是铁水中加入球化剂后石墨呈球状析出而制得的。由于球状石墨割裂金属基体的程度最低，所以金属基体强度利用率高达 70% ~ 90%（灰口铸铁只达 30% 左右），因而其力学性能远远优于普通灰口铸铁。

球墨铸铁的显微组织特征是：球状石墨分布在金属基体上，基体组织是铁素体、珠光体或铁素体+珠光体，目前应用最广泛的是前面两种基体。铁素体球墨铸铁的显微组织如图 8-3 所示。铸铁的基体组织可以通过热处理来改变，从而改变铸铁的力学性能。球墨铸铁应用热处理较多些，如应用正火，是为了增加基体中珠光体数量，以提高其强度和耐磨性；应用调质处理，是为了得到回火索氏体的基体组织，以提高综合力学性能；应用等温淬火，可得到下贝氏体，部分马氏体和少量残余奥氏体，使铸铁具有较高的强度、耐磨性，一定的塑性、韧性和小的内应力。

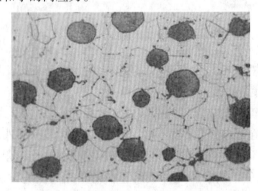

图 8-3　铁素体球墨铸铁的显微组织

8.2.4　蠕墨铸铁

蠕墨铸铁是近 40 多年来迅速发展起来的一种新型铸铁材料，它兼备灰口铸铁和球墨铸铁的某些优点，可以用来代替高强度灰口铸铁、合金铸铁、黑心可锻铸铁及铁素体球墨铸铁，因此日益引起人们的重视。

蠕墨铸铁中的石墨是一种介于片状石墨和球状石墨之间的一种过渡型石墨。灰口铸铁中片状石墨的特征是片长而薄，端部较尖。球墨铸铁中石墨大部分呈球状。蠕虫状石墨在光学显微镜下的形状似乎也呈片状，但是石墨片短而厚，头部较钝、较圆，形似蠕虫状，故有蠕墨铸铁之称。铁素体蠕墨铸铁的显微组织如图 8-4 所示。

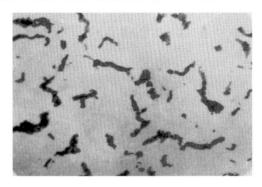

图 8-4　铁素体蠕墨铸铁的显微组织

蠕墨铸铁的力学性能介于基体组织相同的灰口铸铁和球墨铸铁之间。当成分一定时，蠕墨铸铁的强度和韧性比灰口铸铁高。由于蠕虫状石墨是互相连接的，其塑性和韧性比球墨铸铁低，但强度接近于球墨铸铁。蠕墨铸铁还具有优良的抗热疲劳性能。此外，蠕墨铸铁的铸造性能和减震能力都比球墨铸铁优良。因此蠕墨铸铁广泛用来制造电动机外壳、柴油机缸盖、机座、机床床身、钢锭模、飞轮、排气管和阀体等机器零件。

8.3　实验设备与材料

实验设备： 金相显微镜。

实验材料： 铸铁的金相样品。

8.4　实验内容及步骤

实验内容：

（1）观察铸铁的显微组织，画出显微组织示意图。

（2）根据合金的化学成分和处理工艺，分析显微组织的形成规律。

实验步骤：

在显微镜下对给定的金相试样进行观察，识别显微组织中各相组成，画出显微组织示意图，并标明组织组成物。

8.5　实验报告要求

（1）简述实验目的、实验原理和实验方法。

（2）画出所观察样品的组织示意图，并标明组织组成物。

（3）如实记录实验结果，并对实验结果进行分析与讨论。

思 考 题

分析铸铁的生产工艺对石墨形态、基体组织和性能的影响。

实验 9　有色金属的显微组织观察与分析

9.1　实　验　目　的

（1）掌握常用铝合金、铜合金、镁合金和巴氏合金的显微组织特征。
（2）了解有色合金的化学成分、生产工艺、显微组织与性能间的关系。

9.2　实　验　原　理

9.2.1　铝合金

铝合金主要分为铸造铝合金和形变铝合金。

9.2.1.1　铸造铝合金

铸造铝合金应用最广泛的是含 10%～13%Si 的铝-硅系合金，常称硅铝明。典型硅铝明牌号为 ZL102，成分在共晶点附近，因而具有优良的铸造性能。硅铝明的铸态组织为 α 固溶体（亮色）和粗大针状共晶硅（灰色）组成的共晶体及少量呈多面体状的初晶硅（图 9-1）。这种粗大针状共晶硅严重降低合金的塑性，因此，通常浇注前在合金溶液中加入占合金质量 2%～3% 的变质剂（常用 2/3NaF+1/3NaCl 或三元钠盐 25%NaF+62%NaCl+13%KCl）进行变质处理，变质处理后合金共晶点（11.6%Si）向右移，原来的合金变成亚共晶，其组织为枝晶状初生 α 固溶体（亮）及细的（α+Si）共晶体（黑色）（图 9-2），因而使合金的强度和塑性提高。

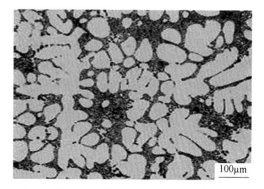

图 9-1　硅铝明（变质前）组织　　　　图 9-2　硅铝明（变质后）组织

9.2.1.2　形变铝合金

最重要的形变铝合金是硬铝（Al-Cu-Mg 系时效合金），由于强度大和硬度高而得名，在国外又称杜拉铝。硬铝的强化相主要是 $CuMgAl_2$。硬铝的自然时效组织与淬火组织基本相同，由不同方位的固溶体晶粒组成。

9.2.2　铜合金

工业上广泛使用的铜合金有黄铜（铜-锌合金）、锡青铜（铜-锡合金）、铝青铜（铜-铝合金）、铍青铜（铜-铍合金）及白铜（铜-镍合金）等。这里以黄铜和锡青铜为主进行分析。

9.2.2.1　黄铜

常用的黄铜中锌含量均在 45% 以下，含锌在 36% 以下的黄铜呈 α 固溶体单相组织，称为单相黄铜（或 α 黄铜），典型牌号为 H70（即三七黄铜）。铸态组织为树枝状 α 固溶体，经变形和再结晶退火后组织为多边形 α 晶粒并有明显的退火孪晶（图 9-3）。退火后的 α 黄铜能承受极大的塑性变形，可进行冷加工。锌含量为 36%~45% 的黄铜为 α+β′ 两相组织，称（α+β′）黄铜（或双相黄铜），典型牌号为 H62（即四六黄铜）。铸态组织中 α 相呈亮白色，β′ 相为暗黑色（β′ 是以 CuZn 电子化合物为基的固溶体）（图 9-4）。在室温下 β′ 相较 α 相硬得多，因而只能承受微量的冷态变形，但 β′ 相在 600℃ 以上迅速软化，因此适于进行热加工。变形后退火处理的显微组织如图 9-4 所示。

 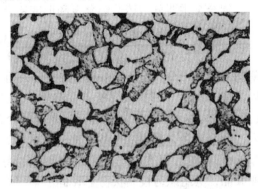

图 9-3　H70 单相黄铜退火组织　　　　图 9-4　H62 双相黄铜退火组织

9.2.2.2　锡青铜

铜锡合金为锡青铜，工业上大部分用于铸造。常用的锡青铜锡含量为 3%~14%，常用牌号为 ZQSn10（含 10%Sn）。锡含量小于 6% 的锡青铜，其铸态组织为树枝晶外形的单相 α 固溶体，如图 9-5 所示。锡含量大于 6% 时，其铸态组织为 α+（α+δ）共析体，如图 9-6 所示。δ 相是以 Cu_3Sn_8 为基体的固溶体，硬而脆，不能进行变形加工。

9.2.3　镁合金

镁及其合金是目前最轻的金属结构材料，具有密度低、比强度和比刚度高、阻尼减震性好、导热性好、电磁屏蔽和抗辐射能力强、机加工性能优良以及易回收等一系列优点，在航空、航天、汽车、计算机、电子、通信、家电、生物医药等领域具有极其重要的应用价值和广阔的应用前景。

镁合金的分类可依据其合金化学成分和成型工艺。按照合金的化学成分，镁合金可分

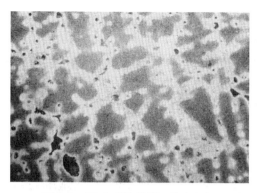

图 9-5　QSn5（锡青铜）铸态组织

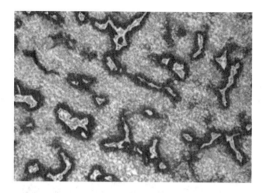

图 9-6　ZQSn10（锡青铜）铸态组织

为二元、三元或多元合金。一般地，依据镁与其中的一个主要合金元素将镁合金划分为 Mg-Al、Mg-Mn、Mg-Zn、Mg-RE、Mg-Ag、Mg-Th 和 Mg-Li 系合金等。按照镁合金的成型工艺，镁合金可分为铸造镁合金和变形镁合金两大类。铸造镁合金是应用最广泛的一种轻质合金，主要通过各种铸造工艺特别是压铸工艺来获得镁合金产品。与此相比，变形镁合金更具有发展前景与潜力，通过变形可以生产尺寸多样的板、棒、管、型材及锻件产品，并且可以通过合金组织的控制和热处理工艺的应用，获得比铸造镁合金材料更高的强度、更好的延展性以及更多样化的力学性能，从而满足更多结构件的需要。

铸态 AZ80 镁合金的化学成分如表 9-1 所示，显微组织如图 9-7 所示。从图 9-7 可知，AZ80 镁合金主要由 α-Mg 和连续分布在晶界的 β-$Mg_{17}Al_{12}$ 相组成。

表 9-1　AZ80 镁合金的化学成分

元素	Al	Zn	Mn	Si	Fe	Cu	Ni	Mg
含量/%	7.8~9.2	0.2~0.8	0.15~0.5	0.01	0.01	0.05	0.005	余量

9.2.4　巴氏合金

以锡、铅等为基的耐磨轴承合金称为巴氏合金，用来制造滑动轴承的轴瓦及其内衬。此合金为易熔轴承合金，常直接浇注于轴承套上。轴瓦材料应同时兼有硬和软两种性质，因此理想的组织应是由软硬不同的相组成的混合物，以锡或铅为基的轴承合金具有满足这种要求的组织特征。

最常用的锡基巴氏合金为 ZSnSb11Cu6，显微组织为锑固溶于锡中的 α 固溶体（软基体）（暗黑色）及少量嵌镶在基体上的 β'

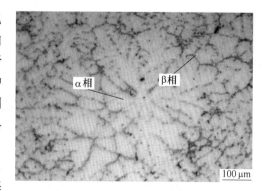

图 9-7　铸态 AZ80 镁合金组织

（以化合物 SnSb 为基的固溶体）（亮的方形和三角形）和 Cu_3Sn（或 Cu_6Sn_5）（白色针状和星状）硬质点，如图 9-8 所示。铜加入合金中形成 Cu_3Sn，防止产生密度偏析。这种轴承合金摩擦系数小，硬度适中，疲劳抗力高，是一种优良的轴承合金，但价格较贵，只用于重要的轴承上。

38

常用的铅基巴氏合金为 ZPbSb16Sn16Cu2，属于过共晶合金，显微组织为初晶 β（硬质点）+（α+β）共晶（软基体）+ Cu₂Sb，如图 9-9 所示。α 相是 Pb 基固溶体，β 相是 SnSb 化合物，呈白色方块状，Cu₂Sb 呈白色针状。加入 Cu 的目的是形成 Cu₂Sb，避免 β 因较轻引起密度偏析。这种轴承合金强度、硬度和耐磨性低于锡基巴氏合金，但由于锡含量减少，成本降低，此外铸造性能及耐磨性也较好，一般用于制造中、低载荷的轴瓦，如汽车曲轴轴承。

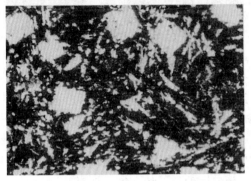

图 9-8 ZSnSb11Cu6 合金的铸态组织

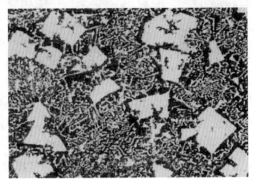

图 9-9 ZPbSb16Sn16Cu2 合金的铸态组织

9.3　实验设备与材料

实验设备：金相显微镜。
实验材料：铝合金、铜合金、镁合金和巴氏合金的金相样品。

9.4　实验内容及步骤

实验内容：
观察铝合金、铜合金、镁合金和巴氏合金的显微组织，画出显微组织示意图。
实验步骤：
在显微镜下观察给定的金相试样，识别显微组织中各相组成，画出显微组织示意图，标明组织组成物。

9.5　实验报告要求

（1）简述实验目的、实验原理和实验方法。
（2）画出各种有色合金金相样品的显微组织示意图，标明组织组成物。
（3）根据各种合金的化学成分和处理工艺分析显微组织的组成。

思 考 题

分析各种有色合金的显微组织对性能的影响。

第 2 部分

金属热处理与表面处理

实验 10　碳钢热处理及组织性能分析

10.1　实　验　目　的

（1）掌握钢的常规热处理工艺及操作。
（2）掌握冷却速度对钢相变组织与性能的影响。
（3）掌握加热温度对淬火钢相变组织与性能的影响。
（4）掌握回火温度对淬火钢相变组织与性能的影响。

10.2　实　验　原　理

10.2.1　常规热处理工艺

热处理工艺由加热、保温和冷却三个阶段组成。

10.2.1.1　加热温度的制定

（1）亚共析钢：

淬火、正火、退火的加热温度在 A_{c3} 以上 30～50℃。

（2）共析钢，过共析钢：

淬火、退火的加热温度在 A_{c1} 以上 30～50℃；

正火加热温度在 A_{cm} 以上 30～50℃。

亚共析钢和过共析钢的淬火、退火温度范围不同（图 10-1），这是由于如果亚共析钢的淬火温度过低，在 A_{c1} 以上 30～50℃，这时钢的组织是铁素体和马氏

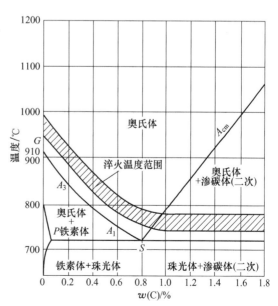

图 10-1　淬火加热温度范围

体，钢件会出现软点，而过共析钢在两相区加热后淬火得到的组织是马氏体和渗碳体。由于渗碳体本身硬度很高，不会影响钢的硬度；相反如果过共析钢加热到奥氏体单相区淬火，得到的组织是马氏体和大量的残余奥氏体，硬度反而下降。

过共析钢在退火时若加热到奥氏体单相区，冷却时将在晶界析出网状渗碳体，使钢的塑性、冲击韧性降低，所以过共析钢退火加热温度不能过高，且过共析钢退火主要是球化退火。

过共析钢的正火主要是为了消除已经形成的网状渗碳体，当过共析钢加热到 A_{cm} 线以上时才能使网状渗碳体全部溶入奥氏体；由于正火的冷却速度较快，网状渗碳体来不及析出，所以可以被消除。

回火温度是根据零件所要求的力学性能确定的，通常将回火分为低温回火、中温回火、高温回火。

低温回火（150~250℃）：所得组织为回火马氏体，硬度约为 60HRC，目的是降低淬火后的应力，减小钢的脆性，但保持钢的高硬度，这种回火工艺常用于切削刀具和量具等。

中温回火（350~500℃）：所得组织为回火屈氏体，硬度约为 40HRC，目的是获得高的弹性极限，同时有较好的韧性，主要用于中高碳钢弹簧的热处理。

高温回火（500~650℃）：所得组织为回火索氏体，硬度约为 30HRC，目的是获得既有一定强度、硬度，又有良好冲击韧性的综合力学性能，主要用于中碳结构钢的热处理。

10.2.1.2　保温时间的确定

保温时间与加热介质、加热温度、钢的成分和工件的形状尺寸等因素有关，生产上一般根据经验公式确定。实验中碳钢所用的保温时间可按每毫米直径 1 分钟计算。

10.2.1.3　冷却方法

热处理时的冷却方法不同，获得的组织和性能也不同，根据不同的组织和性能要求采用不同的冷却方式。退火一般采用随炉冷却，正火多采用空气冷却，大件常进行吹风冷却。淬火的冷却方法非常重要，一方面冷却速度要大于临界冷却速度，以保证得到马氏体组织；另一方面冷却速度应尽量缓慢，以减小内应力，避免变形和开裂。为此，可根据 C 曲线图（图 10-2）估计连续冷却速度的影响。

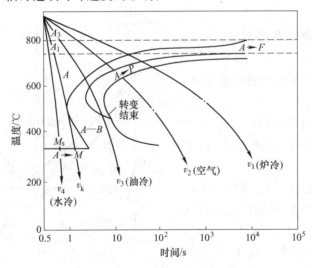

图 10-2　亚共析碳钢的 C 曲线图

10.2.2　热处理工艺对显微组织和硬度的影响

钢经过不同的热处理工艺，会得到不同的组织，其硬度也会随之变化。硬度的变化规律是：退火<正火<淬火；淬火钢随着回火温度提高，回火后硬度逐渐降低。低温回火硬度比淬火硬度降低较小。

10.3　实验设备与材料

实验设备：中温箱式电阻炉、洛氏硬度试验机、金相显微镜和砂轮机。

实验材料：45 钢试样、T12 钢试样；冷却介质：水和油；金相砂纸、抛光布、抛光膏、3%~5%硝酸酒精溶液等。

10.4　实验内容及步骤

实验内容：

（1）制定亚共析钢的退火、正火、淬火、低温回火、中温回火和高温回火工艺并操作，测试各工艺下试样的硬度。

（2）制定过共析钢的退火、正火、淬火、低温回火、中温回火和高温回火工艺并操作，测试各工艺下试样的硬度。

（3）研究冷却速度对相变组织和硬度的影响。

（4）研究加热温度对相变组织和硬度的影响。

实验步骤：

（1）按表 10-1 工艺进行热处理操作。淬火时，用钳子夹好试样，出炉、入水迅速，并不断在水中或油中搅动，以保证热处理质量。取放试样时炉子要先断电。

表 10-1　实验任务表

钢号	热处理工艺			硬度值 HRC 或 HRB				换算为 HB 或 HV	预计组织
	加热温度/℃	冷却方式	回火温度/℃	1	2	3	平均		
45	860	炉冷							
		空冷							
		油冷							
		水冷							
		水冷	200						
		水冷	400						
		水冷	600						
	750	水冷							
T12	750	炉冷							
		空冷							
		油冷							
		水冷							
		水冷	200						
		水冷	400						
		水冷	600						
	860	水冷							

（2）热处理后的试样用砂轮磨去两端面氧化皮。

（3）测定经热处理后的各块样品的硬度，每个试样测三点，取平均值，并将数据填于表内。

（4）观察实验室制备的下列样品的显微组织，见表10-2。画出所观察样品的显微组织示意图。

表 10-2　热处理后试样显微组织观察

样品序号	钢号	热处理工艺	腐蚀剂	显微组织
1	45 钢	860℃炉冷	4%硝酸酒精	F+P
2	45 钢	860℃空冷	4%硝酸酒精	F+S
3	45 钢	860℃油冷	4%硝酸酒精	M+F
4	45 钢	860℃水冷	4%硝酸酒精	M
5	45 钢	860℃水冷，200℃回火	4%硝酸酒精	$M_回$
6	45 钢	860℃水冷，400℃回火	4%硝酸酒精	$T_回$
7	45 钢	860℃水冷，600℃回火	4%硝酸酒精	$S_回$
8	T12	750℃炉冷	4%硝酸酒精	P（粒状）
9	T12	750℃水冷	4%硝酸酒精	$M+Ar+Fe_3C$
10	T12	750℃水冷，200℃回火	4%硝酸酒精	$M_回+Fe_3C$
11	T12	750℃水冷，400℃回火	4%硝酸酒精	$T_回$
12	T12	750℃水冷，600℃回火	4%硝酸酒精	$S_回$

10.5　实验报告要求

（1）简述实验目的、实验原理和实验方法。

（2）如实记录实验数据，分析实验结果并展开讨论。

（3）画出冷却速度-硬度曲线，分析冷却速度对相变组织和硬度的影响。

（4）画出回火温度-硬度曲线，分析回火温度对淬火钢显微组织和硬度的影响。

（5）对比不同加热温度下淬火后的硬度，分析加热温度对硬度的影响。

（6）对比亚共析钢与过共析钢淬火后的硬度，分析碳含量对硬度的影响。

> **思 考 题**

亚共析钢与过共析钢的退火、正火、低温回火、中温回火和高温回火工艺的实际应用场合是什么？

实验 11　钢的淬透性测定

11.1　实 验 目 的

（1）掌握末端淬火法测定钢的淬透性原理及操作方法。
（2）掌握淬透性曲线的绘制和实际应用方法。
（3）了解合金元素和加热温度对淬透性的影响。

11.2　实 验 原 理

钢的淬透性是指钢经奥氏体化后在一定冷却速度条件下淬火时获得马氏体组织的能力，它的大小可用规定条件下淬透层的深度表示。通常，将淬火件的表面至半马氏体区（50%M+其余的50%为珠光体类型组织）之间的距离称为淬透层深度。淬透层深度大小将因钢的淬透性、淬火介质的冷却能力、工件的体积、工件的表面状态等因素的影响不同而不同，因此，为了对比不同钢铁材料的淬透性能，在测定钢的淬透性时，就要将淬火介质、淬火介质温度、淬火介质流动速度和流量、工件尺寸等主要影响因素标准化，才能够通过测定钢的淬透层深度确定钢的淬透性能力。

在实际生产中，为了提高零件的力学性能，满足使用性能要求和安全性能要求，常规方法是通过淬火和相应的回火来实现。钢材不同，其淬透性不同，因此不同场合使用的钢铁零件所要求的淬透性也不同，由此，淬透性实验为合理选用钢材提供了理论依据。

钢的淬透性通常通过末端淬火法来测定。末端淬火法（GB225—63）规定试样尺寸为 $\phi25mm \times 100mm$，并带有-$\phi30mm \times 3mm$ "台阶"。淬火在特定的试验装置上进行，如图 11-1 所示，在实验之前应进行调整，使水柱的自由喷出高度为 65mm，水的温度为 10~20℃，试样放入试验装置时，冷却端与喷嘴距离为 12.5mm。

实验时，要将待测的钢号试样加热到奥氏体化温度，保温后由炉中取出，迅速放入淬火试验装置。这时，试样的一端被喷水冷却，冷却速度约为 100℃/s，而离开淬火端冷却速度逐渐降低，

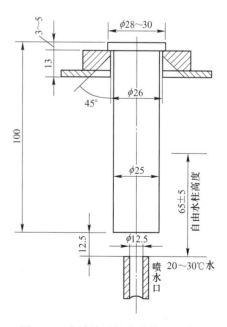

图 11-1　末端淬透性实验装置示意图

到另一端时约为 3~4℃/s。

　　试样冷却后取出，在试样两侧各磨去 0.2~0.5mm，得到互相平行的沿纵向的两个狭长的平行平面。在其中的一个平面上，从淬火端开始，每隔 1.5mm 测一次硬度（HRC），并做出淬透性曲线（HRC-X 关系曲线）。图 11-2 为钢的淬透性曲线，也称端淬曲线。

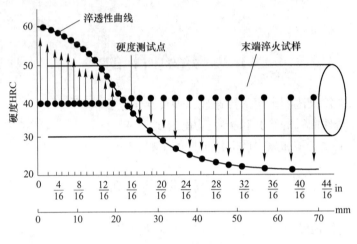

图 11-2　端淬曲线

　　钢的淬透性值可用 J××-d 表示，其中 J 表示末端淬透性，d 表示从测量点至淬火端面的距离（mm），××为该处测得的硬度值，为 HRC 或为 HV。例如 J35/48-15，表示距淬火端 15mm 处试样硬度值为 35~48HRC。JHV340/490-15，表示距淬火端 15mm 处试样硬度值为 340~490HV。

11.3　实验设备与材料

　　实验设备：箱式电阻炉、末端淬火设备、洛氏硬度试验机、砂轮机、铁钳子、游标卡尺。

　　实验材料：45，40Cr、40CrNiMo；20，20Cr、20CrMnTi；GCr15，GCr15SiMn 等。

11.4　实验内容及步骤

　　实验内容：
　　测定钢的淬透性。
　　实验步骤：
　　（1）将试样加热到奥氏体化温度，保温后由炉中取出，迅速放入淬火试验装置。
　　（2）试样冷却后取出，用砂轮机打磨出两平行平面。
　　（3）在其中的一个平面上，从淬火端开始，每隔 1.5mm 测一次硬度（HRC），并做出淬透性曲线（HRC-X 关系曲线）。
　　（4）根据试验钢的淬透性曲线，确定该钢的淬透性。

（5）测试试验钢不同加热温度、相同保温时间下的淬透性曲线，确定淬透性。

11.5　实验报告要求

（1）简述实验目的、实验原理和实验方法。
（2）如实记录实验数据，分析实验结果并展开讨论。
（3）对比试验钢不同加热温度下的淬透性，分析加热温度对淬透性的影响。
（4）对比不同试验钢的淬透性，分析合金元素对淬透性的影响。

思　考　题

（1）简述钢的淬透性的实际意义。
（2）简述淬透性的其他测定方法。

实验 12 汽车用钢的热处理及组织性能分析

12.1 实 验 目 的

（1）掌握 IF 钢、DP 钢、TRIP 钢和 BH 钢的显微组织与定量金相分析方法。
（2）掌握热加工工艺参数对显微组织的影响规律。
（3）掌握 DP 钢的显微组织对力学性能的影响。
（4）掌握 TRIP 钢的 TRIP 效应。

12.2 实 验 原 理

12.2.1 IF 钢

IF 钢是 Interstitial-Free Steel 的缩写，即无间隙原子钢，也称超低碳钢。该钢种具有优异的深冲性能，其伸长率和 r 值可达 50% 和 2.0 以上，在汽车工业获得广泛的应用。对于 IF 钢来说，其 C、N 含量很低，在加入一定量的钛、铌等强碳氮化合物形成元素后，钢中的碳、氮间隙原子完全被固定形成碳氮化合物，从而得到无间隙原子的铁素体钢，该钢也称为超低碳无间隙原子钢。

IF 钢生产的技术要点如表 12-1 所示。

表 12-1 IF 钢生产技术要点

工序	技 术 要 点
炼钢	超低碳；微合金化；钢质纯净
热轧	均匀细小的铁素体晶粒；粗大的第二相粒子
冷轧	尽可能大的冷轧压下率
退火	再结晶晶粒均匀粗大；发展再结晶织构

12.2.2 双相（DP）钢

DP（dual phase）钢的显微组织是铁素体+马氏体（有少量残余奥氏体）。其力学性能具有如下特点：应力-应变曲线是光滑连续的，没有屈服平台，更没有锯齿形屈服现象；高的均匀伸长率和总伸长率，其总伸长率在 24% 以上；高的加工硬化指数，n 值大于 0.24；高的塑性应变比（r）。DP 钢的强度-成型综合性能好，满足汽车冲压成型件的要求。

双相钢的力学性能与显微组织密切相关，其生产工艺有热轧双相钢和冷轧热处理双相钢。

热轧双相钢是钢热轧后从奥氏体状态首先在铁素体区缓慢冷却，形成 70%～80%的多边形铁素体，使未转变的奥氏体有足够的稳定性，避免发生珠光体和贝氏体相变，而后冷却保证未转变的奥氏体相变成马氏体。这个工艺要求合理设计合金成分和实现控轧与控冷。

热处理双相钢是钢在 A_{c1} 与 A_{c3} 之间的两相区加热，获得铁素体与奥氏体组织，之后快速冷却，保证冷却后的相变产物是铁素体和马氏体。钢的化学成分、两相区的加热温度和最终冷却速度，对双相钢的显微组织和力学性能起着决定性作用。

12.2.3　相变诱发塑性（TRIP）钢

相变诱发塑性钢（transformation induced plasticity steel）的显微组织由铁素体、贝氏体和残余奥氏体构成，其中残余奥氏体的含量在 5%～15%左右。TRIP 钢板具有较高的屈服强度和抗拉强度，延展性强，冲压成型能力高，用作汽车钢板可减轻车重，降低油耗，同时能量吸收能力强，能够抵御撞击时的塑性变形，显著提高汽车的安全等级。

TRIP 钢的生产工艺主要有两种，一种是热轧，另一种是冷轧后热处理。热轧是通过控轧控冷工艺来实现的。在奥氏体区热轧后冷却，通过控制两相区时的冷却速度，使之析出铁素体，再快冷，然后在贝氏体转变温度范围进行卷取，形成贝氏体，最终室温下获得铁素体晶粒周围分布着细小的贝氏体和残余奥氏体的显微组织。

冷轧热处理 TRIP 钢是将冷轧钢在铁素体与奥氏体两相区的温度范围内加热得到铁素体和奥氏体，然后快速冷却到贝氏体形成温度范围内等温使奥氏体转变成贝氏体，再冷却至室温，最终得到具有铁素体+贝氏体+残余奥氏体的混合组织。

相变诱发塑性钢（TRIP 钢）比其他高强度钢性能优异的原因是，当这种钢受到载荷作用并发生变形时，钢中的残余奥氏体发生应力（或应变）诱发马氏体相变，使钢的强度，尤其是塑性显著提高，这种效应称为"相变诱发塑性效应"，简称"TRIP 效应"。生产工艺参数决定着 TRIP 钢的显微组织构成和状态，与钢的强度、塑性和"TRIP 效应"密切相关。

12.2.4　烘烤硬化（BH）钢

BH（bake hardening）钢是在 IF 钢种上发展起来的，这种钢所含有的 Nb 和 Ti 没有 IF 钢的含量高，使得 BH 钢中含有一定数量的间隙原子，但这些间隙原子并没有影响其冲压性能，或者影响不大。由于 BH 钢主要应用在汽车外壳上，经过冲压后要进行喷漆和烤漆。在烤漆过程中，间隙原子会在烤漆温度下进行时效，使得钢的屈服强度提高，产生烘烤硬化现象。BH 钢的缺点是时效速度快，即在烘烤后一定时间，钢材变硬、变脆（屈服强度、抗拉强度上升，伸长率下降），所以需要尽早使用。

烘烤硬化的本质是应变时效。由于在钢中存在固溶 C、N 原子，经冲压成型时产生位错，在 170℃左右涂漆烘烤处理过程中，碳原子扩散到位错线周围，形成"柯氏气团"，限制位错的运动。这时如果使钢板变形就需要给予更大的力，使钢板的屈服强度提高，呈现出 BH 特性。近年来的研究表明，烘烤硬化的机理为 Snoke 气团、Cottrell 气团和弥散的第二相粒子析出等共同作用。烘烤硬化效应即 BH 值大小与钢的成分、组织状态、预变形和烘烤工艺等密切相关。

12.3　实验设备与材料

实验设备： 箱式电阻炉、拉伸试验机、金相显微镜、抛光机。

实验材料： IF 钢、DP 钢、TRIP 钢和 BH 钢。

12.4　实验内容及步骤

（1）显微组织分析与钢种鉴别。

给定 IF、DP、TRIP 和 BH 钢等汽车用钢，通过制取金相试样、显微组织分析，确定为哪种汽车用钢。

对给定钢种进行晶粒尺寸与相组成的定量分析。

（2）分析退火工艺对汽车用钢显微组织的影响。

针对各钢种，改变退火工艺参数，分析显微组织的变化。

（3）分析显微组织对力学性能的影响。

1）对不同显微组织的 IF 钢进行力学性能（强度、塑性、n 值、r 值）检测，分析显微组织对力学性能的影响。

2）对不同显微组织的 DP 钢进行力学性能（强度、塑性、n 值、r 值）检测，分析显微组织对力学性能的影响。

3）对不同显微组织的 TRIP 钢测试强度和塑性，分析显微组织对 TRIP 效应的影响。

4）对不同显微组织的 BH 钢在 170℃模拟烘烤 20min，测试烘烤硬化值（BH 值），分析显微组织对烘烤硬化性能的影响。

12.5　实验报告要求

（1）简述实验目的、实验原理和实验方法。

（2）如实记录实验数据，分析实验结果并展开讨论。

> 思　考　题

针对各种汽车用钢，显微组织对性能影响的机理是什么？

实验 13　钢的化学热处理及渗层组织分析

13.1　实　验　目　的

（1）掌握常见钢的化学热处理工艺（渗碳、渗硼、渗铬）。

（2）熟悉钢的化学热处理渗层组织特征。

（3）学习渗层深度的测量方法。

13.2　实　验　原　理

化学热处理是将工件置于含有活性元素的介质中加热和保温，使介质中的活性原子渗入工件表层或形成某种化合物的覆盖层，以改变表层的组织和化学成分，从而使零件的表面具有特殊的机械或物理化学性能的热处理工艺。

13.2.1　化学热处理工艺

13.2.1.1　钢的渗碳

钢的渗碳是钢件在渗碳介质中加热和保温，使碳原子渗入表面，获得一定的表面碳含量和一定碳浓度梯度的工艺。渗碳的目的是使机械零件获得高的表面硬度、耐磨性及高的接触疲劳强度和弯曲疲劳强度。根据所用渗碳剂在渗碳过程中聚集状态的不同，渗碳方法可分为固体渗碳法、液体渗碳法及气体渗碳法三种。

固体渗碳法是将工件埋入装有渗碳剂的渗箱内，把箱盖用耐火泥密封后放置于热处理炉中进行加热渗碳。固体渗碳所用的渗剂主要由固体碳及起催渗作用的碳酸盐组成。

液体渗碳是在能析出活性碳原子的盐浴炉中进行渗碳的方法，不过盐浴中剧毒的氰化物对环境和操作者存在危害，需谨慎操作。

气体渗碳是将工件装入密闭的渗碳炉内，通入气体渗剂（甲烷、乙烷等）或液态渗剂（煤油或苯、酒精等），在高温下分解出活性碳原子，使之渗入工件表面的一种渗碳工艺。

渗碳后的工件通常需要淬火和回火。淬火可以采用直接淬火，也可以空冷后再重新加热淬火等。

13.2.1.2　钢的渗硼

钢的渗硼是将钢的表面渗入硼元素以获得铁的硼化物的工艺。渗硼能显著提高钢件表面硬度和耐磨性，使钢件具有良好的红硬性和耐蚀性。渗硼的方法可以分为固体渗硼、液体渗硼及气体渗硼。但由于气体渗硼存在安全隐患，故以固体渗硼和液体渗硼为主。

固体渗硼和固体渗碳方法相似，将工件表面清洗并干燥后，埋入装有渗硼剂的箱中密封，然后置于热处理炉中加热保温。渗硼剂主要由供硼剂（硼铁、碳化硼、硼砂）、活化剂（卤化物或碳酸盐等）、填充剂（SiC）等组成。

液体渗硼是在能析出活性硼原子的盐浴炉中进行渗硼的方法。液体渗硼具有设备简单、渗层组织易控制的优点，但其缺点是难以清洗。

对心部强度要求较高的零件，渗硼后还需进行热处理。硼化物和基体的膨胀系数差别很大，加热淬火时，硼化物不发生相变，但基体发生相变。渗硼层易出现裂纹，因此要求尽可能采用缓和的冷却方法，淬火后应及时回火。

13.2.1.3 钢的渗铬

渗铬是将钢件放在渗铬介质中加热，使铬原子渗入钢件表面的工艺。渗铬的目的是提高工件的耐蚀性、抗高温氧化性、耐磨性和抗疲劳强度。渗铬的方法有固体法、液体法、气体法等，国内生产中常用的是固体法和液体法。

固体渗铬是将渗铬剂与工件一起装箱、密封，然后放在热处理炉中加热进行渗铬的工艺。渗铬剂由供铬剂（铬粉）、活化剂（卤化物、氯化物）、填充剂（氧化铝、耐火土）组成。

液体渗铬是用铬的熔盐或熔体向工件表面传递铬的活性相。前者是利用金属和熔盐的分界面上的电化学反应实现渗铬，后者是直接渗铬。

13.2.2 渗层组织分析

13.2.2.1 渗碳层组织

钢件渗碳后随冷却方式不同，可得到平衡状态的组织或非平衡状态的组织。

A 平衡状态的渗碳组织

钢件在高温渗碳后，自渗碳温度缓慢冷却时，渗层中将发生与其碳浓度相对应的各种组织转变，得到平衡态的组织，从工件表面层至心部，依次为过共析层、共析层、亚共析过渡层以及心部原始组织，如图13-1所示。过共析渗碳层在渗碳件的最表层，其碳浓度最高，缓冷后的金相组织为珠光体+少量网状碳化物。共析渗碳层紧接着过共析渗碳层，其碳含量约为0.77%，缓冷后的组织为片状珠光体。接下来是亚共析渗碳层，其碳浓度随着距表面距离的增大而减小，直至过渡到心部原始成分为止。亚共析过渡层缓冷后得到的金相组织为珠光体+铁素体。越接近心部，铁素体含量越多，而珠光体含量越少。

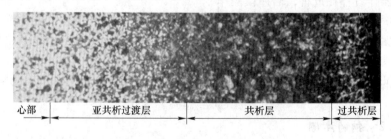

心部 | 亚共析过渡层 | 共析层 | 过共析层

图13-1 低碳合金钢渗碳后缓冷组织

B 非平衡状态的渗碳组织

渗碳改变了零件表面层的碳含量，但为了获得不同的组织和性能以满足渗碳件的使用要求，还必须进行适当的淬火和低温回火处理。其中常用的淬火方法是直接淬火和一次淬火等。直接淬火，即渗碳后直接淬火。一次淬火是在渗碳件冷却之后重新加热到临界温度以上保温后淬火。零件渗碳淬、回火后，由表面至心部的基本组织为：马氏体+少量碳化物+少量残余奥氏体→马氏体+少量残余奥氏体→马氏体→心部低碳马氏体（或屈氏体、索氏体+铁素体）。

13.2.2.2　渗硼层组织

渗硼时 B 与 Fe 形成 FeB 及 Fe_2B 化合物。由于 FeB 及 Fe_2B 两种硼化物组织中均不含碳，因此在碳钢渗硼过程中，将把表层的碳从硼化铁层中驱逐到内部，在硼化层里面形成一增碳层，这一增碳层常称为扩散层（也称为过渡层），扩散层的厚度往往比硼化层大得多。渗层组织从外到里依次为：FeB→Fe_2B→过渡层→基体组织。图 13-2 为 20 钢渗硼后缓冷的组织示意图，其表层为 FeB 与 Fe_2B 化合物层，内部为过渡层与基体，硼化物呈锯齿状或手指状向里面生长，与基体形成相互交错分布的组织特征。锯齿的明显程度取决于钢的成分，一般低碳钢明显，随钢中碳元素和合金元素的增多，锯齿变得平坦，使硼化物与基体的结合强度变弱。

13.2.2.3　渗铬层组织

渗铬层的组织和渗入的铬的浓度分布主要与基体材料成分有关，钢的渗铬层组织和渗入金属浓度的分布受碳含量影响最大。对低碳钢和低碳合金钢渗铬，表面形成固溶体，并有游离分布的碳化物，渗入的铬的浓度分布由表及里逐渐减小。中、高碳（合金）钢渗铬，表面形成碳化物型渗层，渗层中渗入金属浓度极高，渗层中几乎不含基体金属。钢件渗铬形成的碳化物型渗层非常致密，与基体的界面呈直线状，如图 13-3 所示。

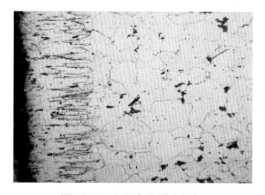

图 13-2　20 钢渗硼缓冷组织

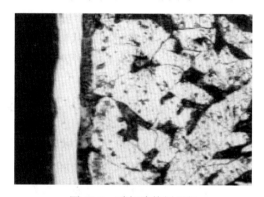

图 13-3　碳钢渗铬层组织

13.2.3　渗层深度的测量方法

13.2.3.1　渗碳层深度的测量

渗碳层深度是衡量钢件渗碳工艺的重要技术指标。对于渗碳工艺控制，一般在渗碳缓冷后用金相法或断口法测定渗碳层深度。对于具体热处理工艺后的成品，一般采用有效硬化层来表征渗碳层深度。

A　断口法测定渗碳层深度

用 φ10mm～15mm 圆柱试样，渗碳后取出，先将试样淬火，然后打断。断口上渗碳层为白色瓷状，交界处碳含量约 0.4%（质量分数），用读数放大镜测量白色瓷状渗层深度。该方法比较方便，但误差较大，一般仅用于渗碳的工艺过程中的现场测试。

B　金相法测定渗碳层深度

金相法一般在缓冷条件下，在渗碳试样的法向截面上进行测定。将试样用 4%硝酸酒精浸蚀后，在显微镜下观察渗层组织。碳素钢的渗层深度是从表面向里层测到过渡层（由共析成分处到心部组织处为过渡层）的一半处。对于合金渗碳钢，则由表面测到原始组织作为渗碳层深度。

C　硬度法测定渗碳层深度

硬度法测量试样硬化层的深度，适用于经渗碳后淬火的试样。该方法是用维氏硬度计由表及里逐步测量试样截面上的硬度（相邻两点距离不超过 0.1mm），测至 550HV 处，由此处到表面的距离即为淬硬层深度。该法不适用于渗碳层深度小于 0.3mm 的试样。

13.2.3.2　渗硼层深度的测量

渗硼层的深度测量是测量渗硼件由表面到硼化物的指尖处。硼化物 FeB 及 Fe_2B 均呈指状垂直于渗硼件表面，呈平行状分布。由于硼化物楔入深度长短不同，故应进行多次测量，然后取其平均值即为渗层深度，如图 13-4 所示。

13.2.3.3　渗铬层深度的测量

钢件渗铬形成的碳化物型渗层与基体之间有明显的界线，渗铬层深度是指自渗层表面至渗层界面线的距离。当界面线较平整时，可直接测量 3~5 个点取平均值。当界面线呈波浪状时，可将一个视场分成六等份，在五个中间点上测量深度，取平均值。

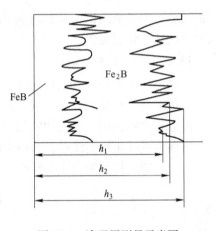

图 13-4　渗硼层测量示意图

13.3　实验设备与材料

实验设备： 箱式电阻炉、不锈钢渗箱、维氏硬度试验机、金相显微镜。

实验材料： 钢试样、水、金相砂纸、抛光布、抛光膏、渗碳剂、渗硼剂、渗铬剂、4%硝酸酒精溶液、三钾试剂、高锰酸钾、氢氧化钠等。

13.4　实验内容及步骤

实验内容：

（1）分别对给定钢试样进行渗碳、渗硼和渗铬处理。

（2）观察渗碳层、渗硼层和渗铬层组织，并画出组织示意图。

（3）测量各渗层组织的深度。

实验步骤：

（1）渗碳层组织观察及渗碳层深度的测定。

1）渗碳处理。将 20 钢试样进行渗碳处理（加热温度为 930℃，保温时间 4h），然后分别进行缓慢冷却和直接淬火。

2）渗碳层组织观察。抛光后的试样采用 4% 硝酸酒精溶液进行腐蚀，之后在光学显微镜下观察渗碳层组织形貌。

3）渗碳层深度的测量。对于渗碳后缓慢冷却的试样，采用金相法测定其渗层的深度：将腐蚀过的试样置于带有目镜测微尺的金相显微镜下，读出由试样表面至过渡层一半处的距离，该段距离即为渗碳层深度。对于渗碳后直接淬火的试样，采用硬度法测定其渗层的深度：利用维氏硬度计由表及里测量试样的硬度直至 550HV 处，该处到试样表面的距离即为渗碳层深度。

（2）渗硼层组织观察及渗硼层深度的测定。

1）渗硼处理。将 45 钢试样进行渗硼处理（加热温度为 850℃，保温时间为 4h），然后进行缓慢冷却。

2）渗硼层组织观察。抛光后的试样用三钾试剂（铁氰化钾 10g，亚铁氰化钾 1g，氢氧化钾 30g，水 100mL）浸蚀，显微镜下外层 FeB 呈深棕色，内层 Fe_2B 呈浅黄色，基体不受浸蚀。如用三钾试剂和硝酸酒精两种浸蚀剂先后浸蚀，可见清晰的硼化物层及基体组织。

3）渗硼层深度的测量。利用目镜测微尺测量试样表面至硼化物指尖处的距离。每个试样测 5 次，取平均值。

（3）渗铬层组织观察及渗铬层深度的测定。

1）渗铬处理。将 T12 钢试样进行渗铬处理（加热温度为 1000℃，保温时间为 4h），然后缓慢冷却。

2）渗铬层组织观察。渗铬层组织观察所用的腐蚀剂配方为高锰酸钾 4g、氢氧化钠 4g、水 100mL，腐蚀在 60～70℃ 下进行 1～2min。腐蚀后试样在光学显微镜下放大 200～800 倍进行观察。

3）渗铬层深度的测量。利用目镜测微尺测量试样表面至渗层界面线的距离。每个试样测 3 次，取平均值。

13.5　实　验　报　告

（1）简述实验目的、实验原理和实验方法。
（2）如实记录实验数据，分析实验结果并展开讨论。

> ## 思 考 题

（1）利用实例说明零件进行化学热处理的目的。
（2）分析影响化学热处理渗层组织深度的因素。

实验 14　激光表面淬火及组织性能分析

14.1　实　验　目　的

（1）了解激光表面淬火工艺。
（2）掌握激光表面淬火的原理。
（3）掌握激光相变淬火层组织分析及硬度测量方法。

14.2　实　验　原　理

　　激光相变淬火是利用聚焦后的激光束照射到材料表面，使其温度迅速升高到相变点以上，当激光移开后，由于仍处于低温的内层材料的快速导热作用，受热表层快速冷却到马氏体相变点以下，以获得淬硬层的过程。激光淬火可以使工件表层 0.1~2.0mm 范围内的组织结构和性能发生明显变化。

14.3　实验设备与材料

　　实验设备：CO_2 激光加工设备、线切割机、磨抛机、镶样机、金相显微镜和显微硬度计。
　　实验材料： 45 钢钢板、吸光涂料、丙酮、胶木粉、各号砂纸、抛光膏、抛光布、硝酸酒精腐蚀液。

14.4　实验内容及步骤

　　实验内容：
　　（1）激光表面相变淬火。
　　利用 CO_2 激光加工设备对 45 钢钢板表面进行激光表面淬火，学习和了解吸光材料，以及激光功率、扫描速度等工艺参数对激光表面淬火的作用和影响。
　　（2）激光淬硬层组织观察。
　　对比 45 钢基体组织，观察激光淬硬层的组织形貌与特点；测量不同激光工艺参数条件下，激光淬硬层深度的变化。
　　（3）激光淬硬层硬度测量。
　　采用显微硬度计沿深度方向测量激光相变未搭接区及搭接区横截面的硬度，画出硬度分布图。

实验步骤：

（1）将 45 钢钢板裁剪成尺寸为 200mm×200mm×20mm 的激光淬火试样若干个。

（2）试样表面经除锈、除油、粗磨后，用 800 目砂纸对待淬火区域进行打磨，接着用丙酮对打磨区进行擦拭，最后自然晾干。

（3）在已处理的试样表面均匀喷涂一层吸光涂料，自然风干后，采用 HGL−6000 型 CO_2 激光加工设备进行激光表面淬火实验。激光束光斑为 ϕ5mm 圆形光斑，焦距为 300mm。激光功率为 1000~3500W，扫描速度为 10~50mm/min，光斑搭接率为 0~50%，具体工艺视分组情况而定。

（4）沿板材试样各激光扫描带的中间部位采用线切割的方法截取金相样品，样品尺寸为 12mm×12mm×12mm。

（5）采用镶样机将金相样品用胶木粉固定，对扫描带的横截面按照金相样品的要求进行打磨和抛光处理，并用 4% 硝酸酒精腐蚀。

（6）在金相显微镜下观察淬硬层、热影响区和基体的金相组织，同时测量各个样品的激光相变硬化层深度。

（7）采用显微硬度计沿深度方向测量激光相变未搭接区及搭接区横截面的硬度（图 14-1），并重点研究激光硬度分布规律，得到样品在深度方向不同区域的硬度分布规律。

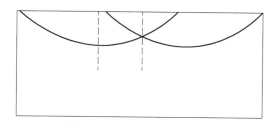

图 14-1　激光相变淬火未搭接区测试点及硬度分布示意图

14.5　实验报告要求

（1）简述实验目的、实验原理和实验方法。

（2）如实记录实验结果，附上拍摄的显微组织图及测定的硬度分布图。

（3）分析激光淬火工艺参数对试样显微组织与淬硬层深度的影响。

思　考　题

（1）哪类金属材料可以通过激光相变硬化的方式提高硬度？

（2）为何激光相变硬化搭接区与未搭接区的硬度值有显著差别？

实验 15　磁控溅射及其应用

15.1　实　验　目　的

（1）掌握磁控溅射的基本原理。
（2）了解磁控溅射的操作流程。
（3）运用磁控溅射技术镀制陶瓷功能薄膜。

15.2　实　验　原　理

电子在电场的作用下加速飞向基片的过程中与氩原子发生碰撞，电离出大量的氩离子和电子，电子飞向基片，氩离子在电场的作用下加速轰击靶材，溅射出大量靶材原子，呈中性的靶原子（或分子）沉积在基片上成膜。实验原理如图 15-1 所示。

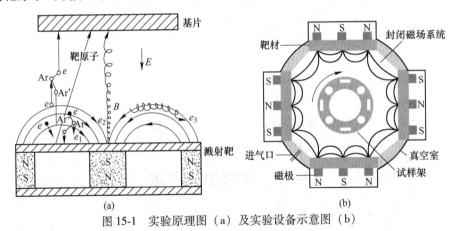

图 15-1　实验原理图（a）及实验设备示意图（b）

15.3　实　验　设　备

磁控溅射镀膜机主要由镀膜室、磁控靶、工件架、真空获得及测量系统、加热烘烤系统、镀膜电源系统、气路系统、水路系统等组成。镀膜机如图 15-2 所示。

（1）镀膜室。
镀膜室主体尺寸约 $R450\text{mm} \times H800\text{mm}$，前开门，SUS304 不锈钢制造。
（2）磁控靶。
设备配备平面矩形磁控靶 4 个，每个磁控靶有可独立控制的磁控靶电源，可同时或分别溅射并对工件镀膜；靶基距 120～150mm 可调，靶材直接水冷。

图 15-2　磁控溅射镀膜机

（3）工件架。

三维旋转式工件架可以加负偏压以增强薄膜致密度，偏压范围为直流（0～200V）+ 脉冲（0～600V）；工件最大回转直径为 300mm，有效镀膜工作区为 460mm。

（4）真空获得及测量系统。

真空系统为溅射镀膜提供一个高真空的薄膜生长环境，本底真空度的高低也直接影响薄膜的结构和性能，是薄膜制备最基本和重要的条件。真空度低，镀膜室内残余气体分子多，薄膜受残余气体分子的影响，其性能变差。

真空获得：旋片机械泵、涡轮分子泵。

真空测量：数显复合真空计、薄膜真空规。

（5）加热烘烤系统。

真空室内采用烘烤方式对工件进行加热，加热温度为 500℃，采用铠装加热管加热，在真空室内磁控靶间隙处布置。烘烤温度连续可控可调，真空室密封位置有水冷，真空室外壁温度不超过 50℃。

（6）灯丝系统。

设备配置四组灯丝，每组灯丝采用四束直径 0.4mm 钨丝并联，交流灯丝电源 100V/50A。

（7）气路和水路系统。

三路 MKS 质量流量控制器与四个 DJ2B 电磁截止阀配合控制进气；放气阀含有消声器以减小噪声。

本磁控系统中，由冷水机制冷，对真空腔体、靶体及分子泵分别进行冷却水冷却，以防止真空腔及分子泵过热，同时防止磁控靶材中的永磁铁因过热而消磁。

15.4　实验内容及步骤

实验内容：

反应磁控溅射在高速钢基体上镀氮化物陶瓷薄膜。

（1）辉光放电过程演示；

（2）反应气体离化现象演示；

（3）热电子发射等离子体增强现象演示；

（4）镀膜过程参数说明；

（5）氮化物薄膜性能表征演示。

实验步骤：

（1）基体清洗。

丙酮去油→去离子水超声波清洗→无水乙醇超声波清洗→吹干。

（2）真空获得。

1）打开总电源、水路、气路。

2）启动数显复合真空计。

3）打开机械泵和旁抽阀对系统进行粗抽。

4）当真空计示数低于 10Pa 后，关闭旁抽阀，打开前级阀、翻板阀 1、翻板阀 2、分子泵 1、分子泵 2，调节阀开至 100%。

5）先关闭三个流量计，打开截止阀 4、截止阀 1、截止阀 2、截止阀 3，打开气瓶；通过调节流量计与调节阀的开口角度控制薄膜规示数，达到实验要求。

（3）真空室准备。

1）启动电动机控制区内相关电动机，调节速度设定至实验要求（转动不易过快，10%以下即可）。

2）启动样品架加热，缓慢调节输出功率至实验所需温度。

3）在灯丝设定面板开启相应灯丝，按实验所需调节灯丝输出电压。

4）启动偏压电源（直流+脉冲），通过调节偏压电源面板旋钮（或控制面板的设备）至实验要求。

（4）镀膜及关机。

1）打开相应的磁控靶挡板，启动相应磁控靶电源，按照实验要求调节。

2）实验过程中要记录实验参数。

3）完成实验后，可按照以下操作关闭系统。关闭磁控靶电源、偏压电源、灯丝电源、样品架加热电源。

4）停止驱动电动机旋转。

5）关闭翻板阀 1、翻板阀 2、分子泵 1、分子泵 2，待分子泵停止工作后，关闭前级阀和机械泵。

6）关闭数显复合真空计，打开放气阀，向真空室内放气。

7）打开真空室大门，待 MAC3 温控表示数降至室温后，关闭水路、总控电源和气路。

15.5 实验报告要求

（1）简述实验目的、实验原理和实验方法。

（2）如实记录实验结果，并进行分析与讨论。

思 考 题

简述磁控溅射镀膜的适用范围。

第 3 部分

材料性能测试与分析

实验 16　金属的硬度实验

16.1　实　验　目　的

（1）了解硬度测定的基本原理及应用范围。

（2）了解布氏、洛氏、维氏硬度实验机的主要结构及操作方法。

（3）根据金属材料的种类选择适当的硬度测试方法。

16.2　实　验　原　理

硬度是指材料对另一较硬物体压入表面的抗力，是重要的力学性能之一。它是初级金属材料软硬程度的数量概念，硬度值越高，表明金属抵抗塑性变形能力越大，材料产生塑性变形就越困难。硬度实验方法简单，操作方便，得出结果快，又无损于零件，因此被广泛应用。测定金属硬度的方法很多，有布氏硬度、洛氏硬度和维氏硬度等。

16.2.1　布氏硬度（HB）

16.2.1.1　布氏硬度实验的基本原理

布氏硬度实验是在一定直径 D 的钢球上施加一定负荷 P，压入被测金属表面，如图 16-1 所示，保持一定时间，然后卸荷。根据金属表面的压痕面积 F 求应力值，以此作为硬度值的计量指标，以 HB 表示，则

$$HB = \frac{P}{F} = \frac{P}{\pi Dh} \qquad (16\text{-}1)$$

式中　P——负荷，kgf，$1\text{kgf} = 9.8\text{N}$；

　　　D——钢球直径，mm；

　　　h——压痕深度，mm。

由于测量压痕 d 要比测量压痕深度 h 容易，将 h 用 d 代换，这可由图 16-1（b）中的 $\triangle Oab$ 关系求出：

$$\frac{1}{2}D - h = \sqrt{\left(\frac{D}{2}\right)^2 - \left(\frac{d}{2}\right)^2}$$

$$h = \frac{1}{2}\left(D - \sqrt{D^2 - d^2}\right) \tag{16-2}$$

将式（16-2）代入式（16-1）即得：

$$HB = \frac{2P}{\pi D\left(D - \sqrt{D^2 - d^2}\right)} \tag{16-3}$$

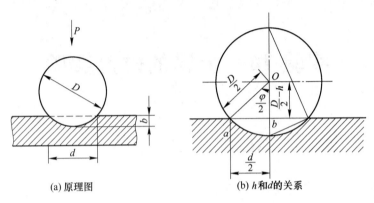

(a) 原理图   (b) h 和 d 的关系

图 16-1　布氏硬度实验原理

式（16-3）中，只有 d 是变数，所以只要测量出压痕直径 d，就可根据已知的 D 和 P 值计算出 HB 值。在实际测量时，可根据 HB、D、P、d 的值所列成的表，若 D、P 已选定，则只需用读数测微尺（将实际压痕直径 d 放大 10 倍的测微尺）测量压痕直径 d，就可直接查表求得 HB 值。

由于金属材料有硬有软，所测工件有厚有薄，若采用同一种负荷（如 3000kgf）和钢球直径（如 10mm）时，则对硬的金属适合，而对软的金属就不合适，会使整个钢球陷入金属中；若对厚的工件适合，而对薄的金属则可能压透，所以规定测量不同材料的布氏硬度值时，要有不同的负荷和钢球直径。为了保持统一的，可以相互进行比较的数值，必须使 P 和 D 之间保持某一比值关系，以保证所得到的压痕形状的几何相似关系，其必要条件就是使压入角保持不变。

由图 16-1（b）可知：

$$\frac{D}{2}\sin\frac{\varphi}{2} = \frac{D}{2} \tag{16-4}$$

将式（16-4）代入式（16-3）得：

$$HB = \frac{P}{D^2}\left[\frac{2}{\pi\left(1 - \sqrt{1 - \sin^2\frac{\varphi}{2}}\right)}\right] \tag{16-5}$$

式（16-5）说明，当 φ 值为常数时，为使 HB 值相同，P/D^2 也应保持为一定值，因此对同一材料而言，不论采用何种大小的负荷和钢球直径，只要满足 $P/D^2 =$ 常数，所得的 HB 值都是一样的。对不同材料，所测得的 HB 值也可进行比较。P/D^2 比值有 30、10、2.5 三种，其实验数据和应用范围可参考表 16-1。

表 16-1　各种负荷、压头及应用范围

材料种类	布氏硬度范围	试样厚度/mm	负荷 P 与钢球直径 D 之间的关系	钢球直径 D/mm	负荷 P/kgf	负荷持续时间/s
钢铁（黑色金属）	140~450	>6	$P=30D^2$	10	3000	10
		6~3		5	750	
		<3		2.5	187.5	
	<140	>6	$P=30D^2$	10	3000	30
		6~3		5	750	
		<3		2.5	187.5	
有色金属及合金（铜、青铜、黄铜、镁合金）	31.8~130	>6	$P=10D^2$	10	1000	30
		6~3		5	250	
		<3		2.5	62.5	
	8~35	>6	$P=2.5D^2$	10	250	60
		6~3		5	62.5	
		<3		2.5	15.6	

注：1kgf=9.8N。

16.2.1.2　布氏硬度实验的技术要求

（1）被测金属表面必须平整光洁。

（2）压痕距离金属边缘应大于钢球直径，两压痕之间距离应大于钢球直径。

（3）HB>450 的金属材料不得用布氏试验机测定。

（4）用读数测微尺测量压痕直径 d 时，应从相互垂直的两个方向上测量，然后取其平均值。

（5）查表时，若使用的是 5mm、2.5mm 的钢球时，则应分别以 2 倍和 4 倍压痕直径查阅。

（6）为了表明实验条件，可在 HB 之后标注 $D/P/T$，如 $HB_{10/3000/10}$，即表示此硬度值是在 $D=100mm$，$P=3000kgf$，$T=10s$ 的条件下得到的。

16.2.2　洛氏硬度（HR）

16.2.2.1　洛氏硬度实验的基本原理

洛氏硬度实验常用的压头有两种：一种是顶角为 120° 的金刚石圆锥，另一种是直径为 $\frac{1}{16}''$（1.588mm）的淬火钢球。据金属材料软硬程度不同，可选用不同的压头和负荷配合使用，最常用的是 HRA、HRB 和 HRC。这三种压头、负荷及应用范围可参考表 16-2。洛氏硬度实验原理如图 16-2 所示。

表 16-2　三种压头、负荷及应用范围

符　号	压　头	负荷/kgf	硬度值有效范围	使用范围
HRA	120°金刚石圆锥	60	>70	使用测量硬质合金、表面淬火层、渗碳层

续表 16-2

符　号	压头	负荷/kgf	硬度值有效范围	使用范围
HRB	$\frac{1}{16}''$钢球	100	25～100（HB60～230）	使用测量有色金属、退火及正火钢
HRC	120°金刚石圆锥	150	20～67（HB230～700）	使用测量调质钢、淬火钢

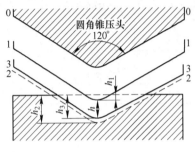

图 16-2　洛氏硬度实验原理

洛氏硬度测定时，需先后两次施加负荷（初负荷和主负荷），施加初负荷的目的是使压头与试样表面接触良好，以保证测量结果准确，图 16-2 中 0—0 为末加上主负荷的位置，1—1 为加上 10kgf 初负荷后的位置，此时压入深度为 h_1，2—2 位置为加上主负荷后的位置，此时压入深度为 h_2，h_2 包括由加荷所引起的弹性变形和塑性变形。卸荷后，由于弹性变形恢复，压头提高到 3—3 位置，此时压头的实际压入深度为 h_3。洛氏硬度就是以主负荷所引起的残余压入深度（$h = h_3 - h_1$）来表示的，但这样直接以压入深度的大小表示硬度，将会出现硬的金属硬度值小，而软的金属硬度值大的现象，这与布氏硬度所表示的硬度大小的概念相矛盾。为了与习惯上数值越大硬度越高的概念相一致，故需用一常数 K 减去 $h_3 - h_1$ 的差值表示洛氏硬度值。为简便起见，又规定每 0.002mm 的压入深度作为一个硬度单位（即表盘上一小格）。洛氏硬度值的计算公式如下：

$$HR = \frac{K - (h_3 - h_1)}{0.002} \tag{16-6}$$

式中的常数 K，当采用金刚石圆锥时，$K = 0.2$（用于 HRA、HRC）；采用钢球时，$K = 0.26$（用于 HRB）。

为此，式（16-6）可写为：

$$HRC(HRA) = 100 - \frac{h_3 - h_1}{0.002}$$

$$HRC = 130 - \frac{h_3 - h_1}{0.002} \tag{16-7}$$

16.2.2.2　洛氏硬度试验机的技术要求

（1）被测金属表面必须平整光洁。

（2）试样厚度应不小于压入深度的 10 倍。

（3）两相邻压痕及压痕距试样边缘的距离均不应小于 3mm。

（4）加初负荷时，应谨防试样与金刚石压头突然碰撞，以免将金刚石压头碰坏。

16.2.3   维氏硬度（HV）

16.2.3.1   维氏硬度实验的基本原理

维氏硬度实验采用的压头是两相对面间夹角为136°的金刚石正四棱锥体。压头在选定的试验力 F 作用下，压入试样表面，经规定保持时间后，卸除试验力。在试样表面压出一个正四棱锥形的压痕，测量压痕对角线长度 d，用压痕对角线平均值计算压痕的表面积。维氏硬度值是试验力 F 除以压痕表面积所得的商，用符号 HV 表示。维氏硬度实验原理如图 16-3 所示。

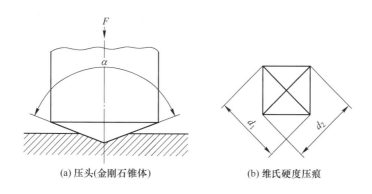

(a) 压头(金刚石锥体)   (b) 维氏硬度压痕

图 16-3   维氏硬度实验原理

维氏硬度计算公式：

$$HV = 常数 \times \frac{试验力}{压痕表面积} = 0.102 \times \frac{2F\sin\dfrac{\alpha}{2}}{d^2} \approx 0.1891 \times \frac{F}{d^2}$$

式中 α——金刚石压头顶部两相对面夹角，$\alpha = 136°$；

F——试验力；

d——两压痕对角线长度 d_1 和 d_2 的算术平均值。

维氏硬度值不标注单位。

在静态力测定硬度方法中，维氏硬度实验方法是最精确的一种，这种方法测量硬度的范围较宽，可以测定目前所使用的绝大部分金属材料的硬度。

维氏硬度压头采用相对面夹角为136°的金刚石正四棱锥体，是为了在不同试验力条件下获得相同形状的压痕，使各级试验力测定的结果相同。另外，压头136°夹角，在一定范围内其硬度值与布氏硬度值非常接近，特别是布氏硬度实验中采用硬质合金球作压头时，更是如此。

维氏硬度用 HV 表示，符号之前为硬度值，符号之后按顺序排列。

（1）选择的试验力值；

（2）试验力保持时间（10~15s 不标注）。

示例：640HV30/20 表示在试验力为 294.2N（30kgf）下保持 20s 测定的硬度值为 640。

560HV1 表示在试验力为 9.81N（1kgf）下保持 10~15s 测定的硬度值为 560。

根据试验力的大小，维氏硬度实验设备可分为维氏硬度计、小载荷维氏硬度计和显微维氏硬度计。实验设备应满足以下条件：

（1）维氏硬度计、小载荷维氏硬度计试验力允许误差不大于±1.0%。对显微维氏硬度计，试验力大于0.09807N时，示值相对误差不大于±1.5%，示值重复性相对误差不大于±1.5%；小于或等于0.09807N时，示值相对误差不大于±1.5%，示值重复性相对误差不大于2.0%。

（2）金刚石锥体相对面夹角为136°±5°。锥体轴线与压头柄偏斜角度不应大于0.5°。锥体两相对面交线（横刃）长度，对于维氏硬度计不大于0.002mm，对于小载荷和显微维氏硬度计不大于0.001mm。

（3）维氏硬度计压痕测量装置最小分度值不大于$0.5\%d$，允许误差在不大于0.2mm长度上不超过±0.001mm，在大于0.2mm长度上不大于$0.5\%d$。小载荷和显微维氏硬度计压痕测量装置在国家标准中均有明确规定。

（4）硬度计示值允许误差和示值变动度在国家标准中分别有规定。

（5）每次更换压头、试台或支座后及大批试样实验前，应对硬度计进行日常检查。用于检查硬度计的标准硬度块应符合《二等标准维氏硬度块定度规程》（JIG148—83）的要求。硬度计应由国家计量部门定期检定。

16.2.3.2 维氏硬度试验机的技术要求

（1）试样表面应平坦光滑，试面上应无氧化皮及外来污物，尤其不应有油脂。避免发热或冷加工对试样表面硬度的影响。一般维氏硬度实验时要求试验面的粗糙度R_a在0.4μm以下；对于小负荷和显微维氏硬度实验，则要求R_a分别在0.2μm和0.1μm以下（采用抛光/电解抛光工艺）。

（2）制备试样时应尽量减少过热或冷作硬化等因素对表面硬度的影响。由于显微硬度压痕很浅，加工试样时建议根据材料特性采用抛光、电解抛光工艺。

（3）试样或试验层厚度至少应为压痕对角线长度的1.5倍。实验后试样背面不应出现可见变形痕迹。

（4）对于在曲面试样上实验的结果，应使用标准GB/T 4340.1—2009附录B进行修正。

（5）对于小截面或外形不规则的试样，可将试样镶嵌或使用专用支承台进行实验。

16.3 实验设备与材料

实验设备： 布氏硬度试验机、洛氏硬度试验机、维氏硬度试验机、读数显微镜。
实验材料： 各种试样、标准硬度块。

16.4 实验内容及步骤

实验内容：
（1）学习布氏、洛氏、维氏硬度的原理及实验方法。
（2）从下列材料中选择分别适于布氏、洛氏、表面维氏、显微维氏硬度的试样进行硬度测试：灰口铸铁 HT150，20 钢（退火态，块状）、20 钢（退火态，薄板）、20 钢（表面激光淬火态）、40Cr（调质态）、GCr15 轴承钢（轧态）。

（3）同一种材料选择不同的硬度测试方法进行硬度检测。

实验步骤：

（1）布氏硬度试验机的结构及操作。

HB-3000 型布氏硬度试验机的结构如图 16-4 所示。它是利用杠杆系统将负荷加到金属表面上的。加卸负荷都是自动的。

实验时，将试样置于试样台上，顺时针转动手轮，使试样上升直到钢球压紧并听到"咔"一声为止。按加载电钮，此时电动机通过变速箱使曲轴转动，连杆下降，负荷通过吊环和杠杆系统施加于钢球上。保持一定时间后，电动机自动运转，连杆上升，卸除负荷，杠杆及负荷恢复到原始状态，同时电动机停止运转。再反向回转手轮，使试样台下降，取下试样，即可进行压痕直径的测量，查表（附录 2）即得 HB 值。

（2）洛氏硬度试验机的结构及操作。

HR-150 型洛氏硬度试验机的结构如图 16-5 所示。

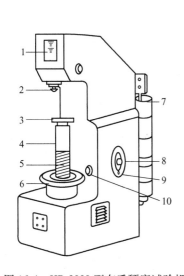

图 16-4　HB-3000 型布氏硬度试验机
外形结构示意图

1—指示灯；2—压头；3—工作台；
4—立柱；5—丝杠；6—手轮；
7—载荷砝码；8—压紧螺钉；
9—时间定位器；10—加载按钮

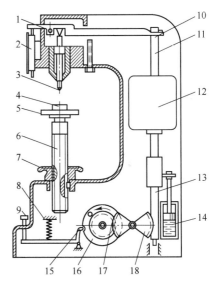

图 16-5　HR-150 型洛氏硬度试验机结构示意图
1—支点；2—指示器；3—压头；4—试样；
5—试样台；6—螺杆；7—手轮；8—弹簧；
9—按钮；10—杠杆；11—纵杆；12—重锤；
13—齿杆；14—油压缓冲器；15—插销；
16—转盘；17—小齿轮；
18—扇齿轮

洛氏硬度试验机是由加卸负荷和测量两部分组成的。前者是利用杠杆和砝码，后者是用百分表测量压痕深度的，即洛氏硬度值可直接由百分表盘上读出。

实验时，先将试样置于试样台上，并对准压头，顺时针转动手轮，使试样上升与压头接触。继续缓慢转动手轮使百分表刻度盘上的短时针顺时针转动直到对准红点，然后再转动表盘使表盘上的长针对准 0 点，此时，压头利用弹簧压缩的方法将 10kgf 的负荷加到试样上。然后将负荷手柄缓慢向后推（4~5s），于是主负荷加到试样上，主负荷加上后，长针由转动到停止，待持续 1s 后，再将负荷手柄向前拉，回到原始位置，待长针停止转动后，长针所指示的读数即为该材料的硬度值。最后，逆时针回转手轮，使试样台下降，取下试样，放回原处。

（3）维氏硬度测试的操作。

1）实验一般在 10~35℃室温下进行。对于温度要求严格的实验，室温应为 23℃ ±5℃。

2）试样支承面应清洁且无其他污物（氧化皮、油脂、灰尘等）。试样应稳固地放置于刚性支承台上以保证实验中试样不产生位移。

3）使压头与试样表面接触，垂直于试验面施加试验力，加力过程中不应有冲击和振动，直至将试验力施加至规定值。从加力开始至全部试验力施加完毕的时间应在 2~10s 之间。对于小负荷维氏硬度实验和显微维氏硬度实验，压头下降速度应不大于 0.2mm/s。

试验力保持时间为 10~15s。对于特殊材料，试验力保持时间可以延长，但误差应在 ±2s 之内。

4）在整个实验期间，硬度计应避免受到冲击和振动。

5）任一压痕中心距试样边缘距离，对于钢、铜及铜合金至少应为压痕对角线长度的 2.5 倍；对于轻金属、铅、锡及其合金至少应为压痕对角线长度的 3 倍。

两相邻压痕中心之间距离，对于钢、铜及铜合金至少应为压痕对角线长度的 3 倍；对于轻金属、铅、锡及其合金至少应为压痕对角线长度的 6 倍。如果相邻两压痕大小不同，应以较大压痕确定压痕间距。

6）应测量压痕两条对角线的长度，用其算术平均值按附录 2 查出维氏硬度值，也可按公式计算硬度值。

在平面上压痕两对角线长度之差应不超过对角线平均值的 5%，如果超过 5%，则应在实验报告中注明。

7）一般情况下，建议对每个试样报出三个点的硬度测试值。

16.5   实验报告要求

（1）简述布氏、洛氏和维氏硬度实验原理。

（2）测试金属材料的布氏、洛氏和维氏硬度的方法及注意事项。

（3）如实记录各试样的硬度数据，并对不同的硬度数据进行对比。

思 考 题

（1）说明各备选材料最适宜的硬度测试方法及原因。

（2）比较不同状态 20 钢的硬度值，分析造成硬度差异的原因。

实验 17　金属的拉伸实验

17.1　实　验　目　的

（1）观察低碳钢拉伸时的变形特点，测量主要力学性能指标。
（2）分析加工硬化、应变时效的现象和特点。

17.2　实　验　原　理

拉伸实验是材料力学性能实验中最基本最重要的实验。金属材料拉伸实验常用的试样形状如图 17-1 所示。试样是按标准尺寸制作的，以便能统一比较实验的结果。拉伸试样横截面分为圆形截面和矩形截面两种。本实验选用 20 号退火态冷轧低碳钢板材，按国家标准做成矩形截面试样。图 17-1 中工作段长度 l_0 称为标距，试样的拉伸变形量一般由这一段的变形来测定，两端较粗部分是为了便于装入试验机的夹头内。

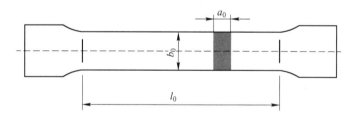

图 17-1　拉伸标准试样

低碳钢试样在拉伸过程中，可分为四个阶段，如图 17-2 所示。

17.2.1　弹性阶段

载荷与变形成正比，$P\text{-}\Delta L$ 图中表现为 OA 直线段。

17.2.2　屈服阶段

$P\text{-}\Delta L$ 图中的 BC 段，为一水平锯齿形曲线，此时材料暂时失去了抵抗变形的能力，表现为载荷在很小的范围内波动，而变形量则比较明显。

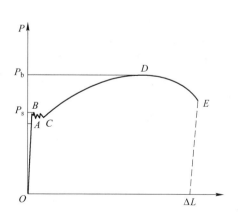

图 17-2　拉伸实验 $P\text{-}\Delta L$ 曲线

17.2.3　强化阶段

P-ΔL 图中的 CD 阶段，在此阶段材料又恢复了抵抗变形的能力，要使它继续变形则必须增加载荷。如果在此阶段卸载后重新加载，则屈服强度提高，屈服平台消失，称为加工硬化；如果卸载后时效，再重新加载，则屈服平台不会消失，且屈服应力提高，称为应变时效。

17.2.4　颈缩阶段

P-ΔL 图中的 D 点处，试样所承受的载荷为极限载荷 P_b，强度极限 R_m 可按下式计算：$R_m = \dfrac{F_b}{A}$。过 D 点后，试样局部某处的横截面积急剧变小，出现颈缩现象，使试样继续变形所需的载荷也相应减小，所以曲线下降，直至 E 点试样在颈缩处被拉断。

17.3　实验设备与材料

实验设备：万能拉伸试验机、干燥箱、游标卡尺。
实验材料：退火冷轧低碳钢。

17.4　实验内容及步骤

实验内容：
（1）低碳钢试样一次拉断，绘制拉伸应力-应变曲线，测试力学性能指标。
（2）经过预加载后的试样，经不同的温度和时间人工时效后拉断，测试屈服强度值，总结加工硬化、应变时效规律。

实验步骤：
（1）用游标卡尺测量试样的原始尺寸。
（2）开启机器，设置各项实验参数。
（3）安装试样。
（4）开始实验，加载应匀速缓慢。对低碳钢拉伸试样，当力开始波动时，说明材料开始进入屈服阶段，应注意观察力的波动范围，取最小值作为屈服载荷 F_s。
（5）实验结束，取下试样。测量低碳钢试样断裂后的标距 l_1 和颈缩处的最小横截面积 A_1。
（6）学生分组，分别以预加载量和时效（温度、时间）作为变量进行拉伸实验。
（7）清理实验场地，试验机一切机构复原。
（8）根据实验记录进行有关计算。

17.5　实验报告要求

（1）简述拉伸应力-应变曲线特点。

（2）绘制低碳钢拉伸应力-应变曲线。

（3）总结预加载量、时效温度和时效时间对屈服强度的影响。

思　考　题

（1）预加载量和时效工艺对材料力学性能产生哪些影响？

（2）分析预加载量和时效工艺对力学性能的影响机理。

实验 18　金属的冲击韧性实验

18.1　实 验 目 的

（1）掌握冲击韧性的原理。
（2）学会使用冲击试验机。
（3）明确韧性材料、脆性材料的冲击韧性的区别。

18.2　实 验 原 理

18.2.1　材料的韧性

强度和塑性是金属材料的两个基本的力学性能。在零部件的实际工作中，除了对材料的强度和塑性提出要求外，还会对材料的韧性提出一定的要求。韧性的定义是材料在变形和断裂过程中吸收能量以外力做功来衡量的一种性能。按照这一定义，韧性可分为：

（1）静韧性。即在静载荷拉伸、压缩、弯曲和扭转下材料经历弹性变形、塑性变形和断裂时所吸收的能量。

（2）冲击韧性。即在冲击载荷下材料吸收的能量除以试样缺口根部的面积所得的商，称为材料的冲击韧性，记为 a_K。

（3）断裂韧性。在试样上预制一条裂纹，然后在静载荷下拉伸或弯曲使其变形直至断裂，再按一定的公式计算出材料的断裂韧性。

材料的强度和变形特别是塑性变形能力越大，它的韧性也就越高。因此，韧性是材料强度和塑性两者综合的结果。

18.2.2　常规冲击实验的类型

冲击实验中的冲击载荷，可以由落锤产生，也可以用摆锤产生。常规冲击实验使用的是摆锤式冲击试验机，一般最大能量为 300J。落锤可以产生较大的冲击能量，它适用于尺寸较大的试样。在常规冲击实验中又分两种类型：一种是简支梁式的三点弯曲实验，又称为夏比冲击实验；另一种是悬臂梁式冲击弯曲实验，又称为艾佐川冲击实验。由于在低温、常温和高温下，夏比试样的安放均比艾佐试样来得简便，因此，在我国使用较普遍的仍是夏比冲击实验。

18.2.3　夏比冲击实验的原理

设摆锤的重力为 $F(\mathrm{N})$，摆锤重心至旋转中心的距离为 $L(\mathrm{m})$，摆锤的扬起角为 α，

扬起高度为 $H(\text{m})$。此时，摆锤具有的能量为：

$$E_1 = F \cdot H = F \cdot L(1 - \cos\alpha) \tag{18-1}$$

摆锤冲断试样后剩余的能量为：

$$E_2 = F \cdot h = F \cdot L(1 - \cos\beta) \tag{18-2}$$

式中　h——摆锤冲断试样后回升的高度，m；

　　　β——摆锤冲断试样后的回升角度，(°)。

试样材料吸收的冲击功 A_k 即为这两部分能量之差：

$$A_k = E_1 - E_2 = F(H - h) = F \cdot L(\cos\beta - \cos\alpha) \tag{18-3}$$

A_k 的单位是 J。式（18-3）中 α 和 β 分别为冲断试样前、后的摆锤扬起角度，其中 α 为固定值，β 的大小取决于试样吸收功的大小。针对不同的 β 值可按式（18-3）计算得到 A_k 值，然后把它刻在示值度盘上。

18.2.4　材料抗冲击的性能指标

反映材料抗冲击性能的指标有两个：

（1）冲击吸收功 A_k。具有一定形状和尺寸并带有一定缺口的试样，在冲断后所吸收的功，记为 A_k，单位是 J。当缺口为 V 形和 U 形时，其冲击吸收功分别记为 A_{kV} 和 A_{kU}。

（2）冲击韧性 a_K。冲击吸收功 A_k 除以试样缺口底部横截面积 $S(\text{cm}^2)$ 所得的商，即 $a_K = A_k/S$，单位是 J/cm^2。对于 V 形和 U 形试样，其冲击韧性分别记为 a_{KV} 和 a_{KU}。要指出的是，A_k 除以 S 并没有实际的物理含义，这部分功 A_k 并不是被缺口底部横截面所吸收，而是被缺口底部附近材料（体积）所吸收。由于缺口底部这部分体积的材料在冲断过程中，其变形程度不一致，极不均匀，吸收的变形能不能用单位体积来衡量。因此，a_K 就定义为 A_k 除以 S 的商，而不去深究其含义，就目前来说，很多国家已不再使用 a_K 了。

18.3　实验设备与材料

实验设备： 冲击试验机。

实验材料： HT150 与 20 钢的标准 V 形、U 形缺口试样。

18.4　实验内容及步骤

实验内容：

（1）测试 HT150 的冲击韧性。

（2）测试 20 钢的冲击韧性。

实验步骤：

（1）试样的定位。推荐采用图 18-1 所示的 V 形缺口自对中定位夹钳，将试样紧贴支座放置，并使试样缺口的背面朝向摆锤刀刃。

（2）实验操作步骤。将摆锤扬起至预扬角位置并锁住，把从动指针拨到最大冲击能量位置（如果使用的是数字显示装置，则清零），放好试样，确认摆锤摆动危险区无人后，释放摆锤使其下落打断试样。为了防止摆锤在其起始位置锁住时引起指针振动而导致数据错误，应在下次锁住摆锤之前从指示盘上读取数据（或数字显示装置的显示值），此值即为冲击吸收功。

（3）如果一个试样卡在试验机里，则该实验作废，同时应对试验机进行彻底检查，看其是否受到损坏。

（4）冲击实验后应回收样品。

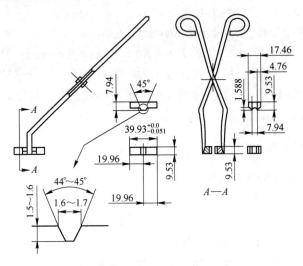

图 18-1 夏比 V 形缺口冲击试样自对中定位夹钳（mm）

18.5 实验报告要求

（1）简述冲击韧性的原理。

（2）分析 HT150 与 20 钢冲击韧性的区别。

思 考 题

（1）材料抗冲击性能的指标有哪两个，其物理含义如何？

（2）V 形与 U 形缺口试样冲击韧性的差别是什么？

实验 19　金属断裂韧性实验

19.1　实　验　目　的

（1）了解金属材料平面应变断裂韧性 K_{IC} 测试的基本原理和实验装置。

（2）掌握 K_{IC} 的测试过程及实验结果的处理方法。

19.2　实　验　原　理

平面应变断裂韧性 K_{IC} 是应力场强度因子 K_I 的临界值，它表征金属材料抵抗裂纹失稳扩展的能力。因而测试 K_{IC} 的基本原理，就是把待实验的材料制成一定形状和尺寸的试样，并在试样上预制出相当于缺陷的裂纹，然后对试样加载。由于试样及其裂纹的形状、尺寸和加载方式以及断裂部位都是预先确定的，所以其应力场强度因子 K_I 的表达式也是确定的。在加载过程中，用测试仪器连续记录载荷增加与裂纹扩展情况的 $P\text{-}V$ 曲线（P 为载荷；V 为裂纹嘴两侧刀口张开位移）。根据曲线上表明裂纹失稳扩展临界状态的载荷 P_Q 及试样断裂后测出的与 P_Q 相对应的预制裂纹（半）长度 a，代入应力场强度因子 K_I 表达式，求出裂纹失稳扩展的临界 K_I 值，记为 K_Q，然后再依据一些规定判断 K_Q 是不是平面应变状态下的 K_{IC}。如果 K_Q 不符合判别的要求，则仍不是 K_{IC}，需增大试样尺寸重做实验。

19.3　实验设备与材料

实验设备：材料力学实验机。

制备好的试样，在材料力学试验机上进行断裂实验。对于三点弯曲试样，其试验装置如图 19-1 所示。可将采集的实验数据以文件形式（数据采集间隔 0.1s）存储在计算机中，同时利用 3086-11 型 X-Y 系列实验记录仪绘制 $P\text{-}V$ 曲线。本实验跨距 S 为 80mm，弯曲压头速率 0.01mm/s。用 15J 型工具显微镜测量试样的临界裂纹（半）长度 a。

如图 19-1 所示，在试验机的横梁 1 上，换上专用支座 2，用辊子支承试样 3，两者保持滚动接触。两支承辊的两端头用软弹簧或橡皮筋拉紧，使之紧靠在支座凹槽的边缘上，以保证两辊的距离等于试样的跨距 S。载荷传感器 4 为一钢制圆筒弹性元件，壁上贴有电阻应变片，全桥连接。受载时，圆筒变形，由应变片输出载荷信号 P。夹式引伸计 5 的构造及其在试样上的安装方法见图 19-2。引伸计为两弹簧片悬臂梁，中间用垫块隔开，螺钉连紧。弹簧片上贴有电阻应变片（T_1、T_2 及 C_1、C_2）。实验前先在试样上缺口两侧用"502"胶水对称贴上刀口（本实验引伸计两臂末端初始间距为 12mm，刀口初始间距应略大于 12mm），引伸计的两臂末端就卡在刀口上。实验过程中，裂纹嘴受载荷张开，刀口

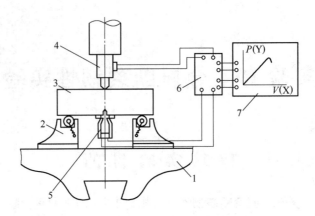

图 19-1 三点弯曲试验装置示意图

1—试验机上横梁；2—支座；3—试样；4—载荷传感器；5—夹式引伸计；

6—动态应变仪；7—X-Y 函数记录仪

距离增大，弹簧片松弛，由应变片将裂纹嘴两侧刀口张开量 V 变成电信号传送出去。

载荷信号 P 及裂纹嘴两侧刀口张开位移信号 V，均需输入实验机控制器中，所采集的实验数据以文件形式（数据采集间隔 0.1s）存储在计算机中，同时模拟信号传送到 3086-11 型 X-Y 系列实验记录仪 7 中，可在坐标纸上实时自动绘出 P-V 曲线。

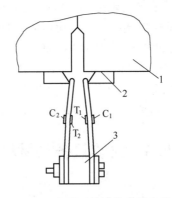

图 19-2 夹式引伸计构造及安装

1—试样；2—刀口；3—引伸计

实验材料： 40Cr 钢三点弯曲试样

19.4 实验内容及步骤

实验内容：

采用标准三点弯曲试样，测试 40Cr 钢淬火态和调质态的断裂韧性 K_{IC}。

实验步骤：

（1）参观试样切割缺口及预制疲劳裂纹的设备及过程。

（2）测量试样尺寸：见图 19-3，在疲劳裂纹前缘韧带部分测量试样厚度 B，在切口附近测量试样宽度 W，测量 3 次取平均值。测量精度要求 0.02mm 或 0.1%B（或 W）。

（3）安装三点弯曲试验底座，使加载线通过跨距 S 的中点，偏差在 $1\%S$ 以内。放置试样时应使缺口中心线正好落在跨距的中点，偏差也不得超过 $1\%S$，而且试样与支承辊的轴线应成直角，偏差在 $\pm2°$ 以内。

（4）将载荷传感器和位移传感器的接线，分别按"全桥法"接入动态应变仪，并进行平衡调节。用动态输出档，将载荷和位移输出信号分别接到函数记录仪"Y"和"X"接线柱上。调整好函数记录仪的放大比，使记录曲线的初始斜率在

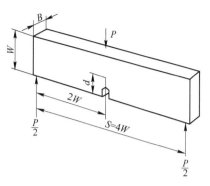

图 19-3　三点弯曲试样

0.7~1.5 之间，最好为 1，并使画出的图形大小适中。

（5）开动试验机，对试样缓慢而均匀地加载（本实验弯曲压头速率 0.01mm/s），选择加载速度应使应力场强度因子的增加速率在 0.55~2.75MN·m$^{-3/2}$/s 范围内。当采用 $S/W=4$，$a/W=0.5$ 的三点弯曲试样时，对钢件也可按 $0.04B$~$0.2B$mm/min 的横梁移动速度进行加载。对于某些老式试验机系统，加载时必须在 P-V 曲线上记录任一初载荷（由试验机测力度盘读出）和断裂载荷的数值，以便对 P-V 曲线上的载荷进行标定，本实验所用测试系统不需要进行此过程。

（6）加载结束后，压断试样，从 3086-11 型 X-Y 系列实验记录仪上取下记录的 P-V 曲线。

19.5　实验报告要求

（1）简述断裂韧性的概念及测试原理。
（2）对实验数据进行处理，分析材料不同状态下断裂韧性 K_{IC} 差异的原因。

思 考 题

（1）为什么断裂韧性测试的试样必须处于平面应变状态？
（2）为何所测定的裂纹长度 a 被称为裂纹"半"长度？

实验 20　金属疲劳实验

20.1　实　验　目　的

（1）了解金属疲劳实验的基本原理。
（2）掌握疲劳极限、S-N 曲线的测试方法。
（3）观察疲劳失效现象和断口特征。

20.2　实　验　原　理

20.2.1　疲劳抗力指标的意义

目前评定金属材料疲劳性能的基本方法就是通过实验测定其 S-N 曲线（疲劳曲线），即建立最大应力 σ_{max} 或应力振幅 σ_a 与相应的断裂循环周次 N 之间的曲线关系。不同金属材料的 S-N 曲线形状是不同的，大致可以分为两类，如图 20-1 所示。其中一类曲线从某应力水平以下开始出现明显的水平部分，如图 20-1a 所示。这表明当所加交变应力降低到这个水平数值时，试样可承受无限次应力循环而不断裂，因此将水平部分所对应的应力称为金属的疲劳极限，用符号 σ_R 表示（R 为最小应力与最大应力之比，称为应力比）。若实验在对称循环应力（即 R=−1）下进行，则其疲劳极限以 σ_{-1} 表示。中低强度结构钢、铸铁等材料的 S-N 曲线属于这一类。实验表明，黑色金属试样如经历 10^7 次循环仍未失效，则再增加循环次数一般也不会失效，故可把 10^7 次循环下仍未失效的最大应力作为持久极限。另一类疲劳曲线没有水平部分，其特点是随应力降低，循环周次 N 不断增大，但不存在无限寿命，如图 20-1b 所示。在这种情况下，常根据实际需要定出一定循环周次（10^8 或 $5 \times 10^7 \cdots$）下所对应的应力作为金属材料的"条件疲劳极限"，用符号 $\sigma_{R(N)}$ 表示。

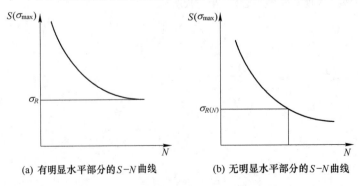

(a) 有明显水平部分的 S-N 曲线　　　(b) 无明显水平部分的 S-N 曲线

图 20-1　金属的 S-N 曲线示意图

20.2.2 S-N 曲线的测定

20.2.2.1 条件疲劳极限的测定

测试条件疲劳极限采用升降法，试件取 13 根以上。每级应力增量取预计疲劳极限的 5% 以内。第一根试件的实验应力水平略高于预计疲劳极限。根据上根试件的实验结果，是失效还是通过（即达到循环基数不破坏）来决定下根试件应力增量是减还是增，失效则减，通过则增。直到全部试件做完。第一次出现相反结果（失效和通过，或通过和失效）以前的实验数据，如在以后实验数据波动范围之外，则予以舍弃；否则，作为有效数据，连同其他数据加以利用，按以下公式计算疲劳极限：

$$\sigma_{R(N)} = \frac{1}{m} \sum_{i=1}^{n} v_i \sigma_i$$

式中　m ——有效实验总次数；

　　　n ——应力水平级数；

　　　σ_i ——第 i 级应力水平；

　　　v_i ——第 i 级应力水平下的实验次数。

例如，某实验过程如图 20-2 所示，共 14 根试件。预计疲劳极限为 390MPa，取其 2.5% 约 10 MPa 为应力增量，第一根试件的应力水平 402 MPa，可见，第四根试件为第一次出现的相反结果，在其之前，只有第一根在以后实验波动范围之外，为无效，则按式（20-1）求得条件疲劳极限如下：

$$\sigma_{R(N)} = \frac{1}{13} (3 \times 392 + 5 \times 382 + 4 \times 372 + 1 \times 362) = 380\text{MPa}$$

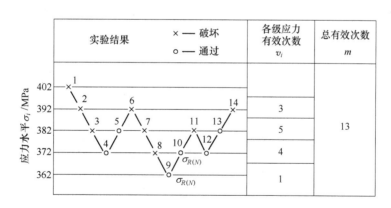

图 20-2　升降法测定疲劳极限实验过程

20.2.2.2 S-N 曲线的测定

测定 S-N 曲线（即应力水平-循环次数 N 曲线）采用成组法。至少取五级应力水平，各级取一组试件，因随应力水平降低而数据离散增大，故其数量分配要随应力水平降低而增多，通常每组 5 根。升降法求得的数据，作为 S-N 曲线最低应力水平点，然后以其为纵坐标，以循环数 N 或 N 的对数为横坐标，用最佳拟合法绘制成 S-N 曲线，如图 20-3 所示。

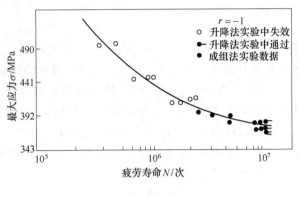

图 20-3　*S-N* 曲线

20.3　实验设备与材料

实验设备：疲劳试验机。

疲劳试验机有机械传动、液压传动、电磁谐振以及近年来发展起来的电液伺服等，本实验所用设备为 MTS810 电液伺服疲劳试验机。

图 20-4 所示的是 MTS 系列电液伺服材料试验机原理图。给定信号 I 通过伺服控制器将控制信号送到伺服阀 1，用来控制从高压液压源 III 来的高压油推动伺服作动器 2 变成机械运动作用到试样 3 上，同时载荷传感器 4、应变传感器 5 和位移传感器 6 又把力、应变、位移转化成电信号，其中一路反馈到伺服控制器中与给定信号比较，将差值信号送到伺服阀调整作动器位置，不断反复此过程，最后试样上承受的力（应变、位移）达到要求精度，而力、应变、位移的另一路信号通入读出器单元 IV 上，实现记录功能。

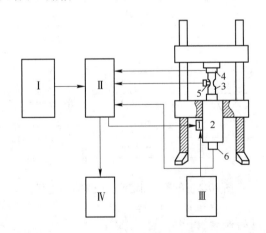

图 20-4　电液伺服材料试验机
1—伺服阀；2—作动器；3—试样；4—载荷传感器；5—应变传感器；6—位移传感器

实验材料：20 钢（退火及淬火态）和 80 钢（退火态）试样。

疲劳试样的种类很多，其形状和尺寸主要决定于实验目的、所加载荷的类型及试验机型号。现将国家标准中推荐的几种轴向疲劳实验的试样列于图 20-5 中，以供选用。

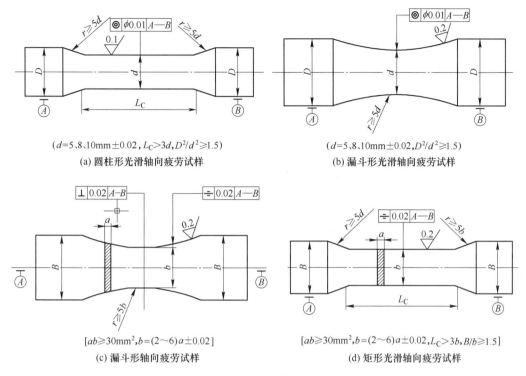

$(d=5、8、10mm\pm0.02,L_C>3d,D^2/d^2\geqslant1.5)$

(a) 圆柱形光滑轴向疲劳试样

$(d=5、8、10mm\pm0.02,D^2/d^2\geqslant1.5)$

(b) 漏斗形光滑轴向疲劳试样

$[ab\geqslant30mm^2,b=(2\sim6)a\pm0.02]$

(c) 漏斗形轴向疲劳试样

$[ab\geqslant30mm^2,b=(2\sim6)a\pm0.02,L_C>3b,B/b\geqslant1.5]$

(d) 矩形光滑轴向疲劳试样

图 20-5　疲劳试样

以上各种试样的夹持部分应根据所用的试验机的夹持方式设计。夹持部分截面面积与实验部分截面面积之比大于 1.5。若为螺纹夹持，应大于 3。

20.4　实验内容及步骤

实验内容：

（1）绘制 20 钢（退火及淬火态）和 80 钢（退火态）的 S-N 曲线，测试疲劳强度。

（2）观察疲劳失效现象和断口特征。

实验步骤：

本实验在 MTS810 电液伺服疲劳试验机上进行，试样形状与尺寸如图 20-5d 所示。

（1）领取实验所需试样，用游标卡尺测量试件的原始尺寸。表面有加工瑕疵的试样不能使用。

（2）开启机器，设置各项实验参数。

（3）安装试样，使试样与试验机主轴保持良好的同轴性。

（4）静力实验。取其中一根合格试样，先进行拉伸测其 R_m。静力实验目的一方面检验材质强度是否符合热处理要求，另一方面可根据此确定各级应力水平。

（5）设定疲劳实验具体参数，进行实验。第一根试样最大应力约为 $(0.6\sim0.7)R_m$，经 N_1 次循环后失效。继续取另一试样使其最大应力 $\sigma_2=(0.40\sim0.45)R_m$，若其疲劳寿命 $N<10^7$，则应降低应力再做。直至在 σ_2 作用下，$N_2>10^7$。这样，材料的持久极限 σ_{-1} 在 σ_1 与 σ_2 之间。在 σ_1 与 σ_2 之间插入 4~5 个等差应力水平，它们分别为 σ_3、σ_4、σ_5、

σ_6，逐级递减进行实验，相应的寿命分别为 N_3、N_4、N_5、N_6。

（6）观察与记录。由高应力到低应力水平逐级进行实验。记录每个试样断裂的循环周次，同时观察断口位置和特征。数据记录表如表 20-1 所示。

（7）实验结束，取下试样。清理实验场地，试验机一切机构复原。

（8）根据实验记录进行有关计算。将所得实验数据列表，然后以 lg$N$ 为横坐标，σ_{max} 为纵坐标，绘制光滑的 S-N 曲线，并确定 σ_{-1} 的大致数值。

表 20-1 数据记录表

试样编号	宽 /mm	厚 /mm	σ_{max} /MPa	F_{max} /kN	σ_{min} /MPa	F_{min} /kN	断裂周次 /次
1							
2							
3							
4							
5							
6							

20.5 实验报告要求

（1）简述疲劳极限的测试方法。

（2）分析不同材料或组织状态疲劳极限差异的原因。

思 考 题

（1）疲劳试样的有效工作部分为什么要磨削加工，不允许有周向加工刀痕？

（2）若规定循环基数为 $N=10^6$，对黑色金属来说，实验所得的临界应力值 σ_{max} 能否为对应于 $N=10^6$ 的疲劳极限？

实验 21　金属磨损实验

21.1　实　验　目　的

（1）了解磨损实验的基本原理。

（2）掌握磨损实验的基本方法。

21.2　实　验　原　理

磨损是机械零部件失效的主要原因之一。据统计，工程实际中约有一半的零件的失效是由磨损引起的。材料的磨损是在摩擦力作用下表面形状、尺寸、组织发生变化的结果。材料的耐磨性不是材料本身固有的性能，除与其自身性能有关外，还与材料的服役或实验条件有关。

21.2.1　磨损试验机

磨损实验因受实验条件（压力、滑动滚动速度、介质及润滑条件、温度、配对材料性质、表面状态等）影响很大，加之实验条件必须尽可能接近零件实际工作条件，并且除在试验机上进行试样实验外，必要时还要进行中间台架实验和实物装车实验。

目前常用的试验机有如下几种。

（1）辊子式磨损试验机，如图 21-1 所示，可模拟齿轮啮合、火车车轮与钢轨类的摩擦形式，现在发展为可进行滚动摩擦、滑动摩擦、滚动与滑动复合摩擦、冲击摩擦以及接触疲劳等实验，用途很广泛。国产 MM200 型试验机及瑞士 Amsler 型试验机即属此类。

（2）切入式磨损试验机，如图 21-2 所示。国产 MK-1 型试验机及国外 Skoda-Savin 型试验机即属此类。用读数显微镜测量切入磨痕宽度后，计算体积磨损量，可快速测定材料及处理工艺的性质。

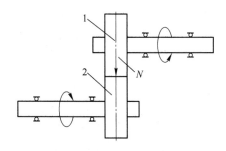

图 21-1　辊子式磨损试验机示意图

1—上试样；2—下试样

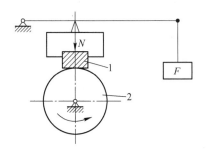

图 21-2　切入式磨损试验机示意图

1—上试样；2—下试样

（3）旋转圆盘-销式磨损试验机，如图21-3所示，上试样销子固定，下试样圆盘旋转，实验精度高，易实现高速，便于进行低温与高温摩擦与磨损性能实验。国产 MD-240 型试验机、苏联 X″45 型试验机、美国 NASA 摩擦试验机为此类型。

（4）往复式磨损试验机，适用于导轨、缸套活塞环等摩擦副的实验，如图21-4所示。国产 MS3 型试验机为此类代表，国外有福勒西和里西曼（美）、扎伊切夫（苏联）和神钢（日）等型试验机。

（5）四球式摩擦磨损试验机，如图21-5所示，下面的三个钢球由辊道支承，试验球则支承在三球上。主动轴带动试验球自转，试验球带动支承球自转与公转，可用来测定摩擦系数及进行接触疲劳试验。

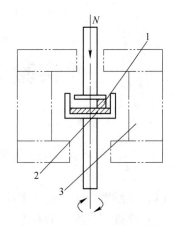

图 21-3　旋转圆盘-销式磨损
试验机示意图

1—上试样；2—下试样；3—高温炉

国产 MQ-12 型试验机即属此类，国外有壳牌四球机、曾田四球机等，还有将下边的三球改为圆柱体，将上面的球改为圆锥体的改型机。

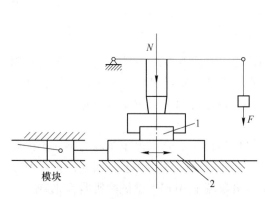

图 21-4　往复式磨损试验机示意图

1—上试样；2—下试样

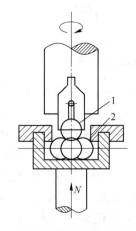

图 21-5　四球式摩擦磨损试验机示意图

1—上试样；2—下试样

（6）ZYS-6 型接触疲劳试验机，主要用于轴承钢接触疲劳实验，如图21-6所示。

（7）湿式磨料磨损试验机，如图21-7所示。试验机主轴带动旋转体旋转，试样安装在旋转体周围。实验时，试样在砂与水的混合物中旋转，可模拟犁铧、砂泵以及水轮机叶的工作条件。

21.2.2　磨损量的测量及表示方法

21.2.2.1　常用的磨损量的测量方法

（1）称重法：测量磨损试验前后试样质量变化，依实验要求，在不同精密度的天平上进行。

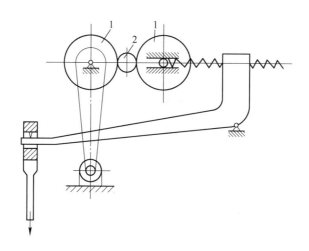

图 21-6　ZYS-6 型接触疲劳试验机示意图

1—辊子；2—试样

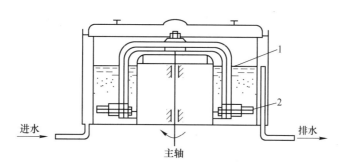

图 21-7　湿式磨料磨损试验机示意图

1—旋转体；2—试样

（2）测长法：测量实验前后磨损表面法向尺寸的变化，常用千分尺、千分表、读数显微镜等测量。

（3）人工测量基准法，包括以下 4 种：

台阶法：在摩擦表面边缘加工一凹陷台阶，作为测量基准。

划痕法：在摩擦表面上划一凹痕，测量磨损实验前后凹痕深度变化。

压痕法：用硬度计压头压出印痕，测量印痕尺寸在实验前后的变化。

切槽法（或磨槽法）：用刀具或薄片砂轮在磨损表面加工出一月牙形凹痕，测量凹痕变化。

（4）化学分析法：测量润滑剂中磨损产物量或磨损产物的组成。

（5）放射性同位素法：试样经镶嵌、辐射、熔炼等方法使之具有放射性，测量磨屑的放射性强度即可换算成磨损量。

21.2.2.2　磨损量的表示方法

（1）线磨损：原始尺寸减去磨损后尺寸。

（2）质量磨损：原始质量减去磨损后质量。

（3）体积磨损：失重/密度。

（4）磨损率：磨损量/摩擦路程，或磨损量/摩擦时间。

（5）磨损系数；试验材料的磨损量/对比材料的磨损量。

（6）相对耐磨性：磨损系数的倒数。

21.3　实验设备与材料

实验设备：滑动摩擦磨损试验机。

实验材料：45 钢淬火态和回火态试件，试样尺寸见图 21-8。

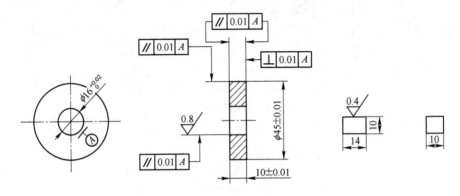

图 21-8　磨损试样示意图

实验步骤：

（1）实验前，用千分尺测量试样尺寸，用精密天平称量试样质量，并做好记录。

（2）安装试样，检查设备各部件是否正常，使记录仪等处于待机状态。

（3）启动设备，进行实验。记录 45 钢两种状态下的摩擦系数和磨损量于表 21-1 中。

表 21-1　磨损实验记录表

试样材料	热处理	试样尺寸/mm	摩擦系数	磨损量

（4）实验结束，卸下试样，按操作规程关机。

21.4　实验内容及步骤

实验内容：

（1）测量 45 钢淬火件的摩擦系数。

（2）测量 45 钢回火件的摩擦系数。

21.5　实验报告要求

（1）简述磨损实验的基本原理。

（2）如实记录实验数据，并对 45 钢两种状态下的摩擦系数和磨损量的差异进行分析。

思 考 题

比较各种磨损试验机的优缺点。

实验 22　金属蠕变实验

22.1　实　验　目　的

（1）掌握蠕变的基本概念及其主要性能指标。
（2）测试镁合金的蠕变极限和持久强度极限。

22.2　实　验　原　理

22.2.1　蠕变的基本概念

　　温度对金属材料的力学性能影响很大，在高温下载荷持续时间对力学性能也有很大影响。在高温短时载荷作用下，金属材料的塑性增加，但在高温长时载荷作用下，塑性却显著降低，缺口敏感性增加，往往呈现脆性断裂现象。此外，温度和时间的联合作用还影响金属材料的断裂路径。综上所述，金属材料在高温下的力学性能，不能只简单地用常温下短时拉伸的应力-应变曲线来评定，还必须考虑温度与时间两个因素。

　　高温下金属力学行为的一个重要特点就是产生蠕变。所谓蠕变，就是金属在长时间的恒温、恒载荷作用下缓慢地产生塑性变形的现象。由于这种变形而最后导致金属材料的断裂称为蠕变断裂。蠕变在较低温度下也会产生，但只有当约比温度（T/T_E，其中 T 为实验温度，T_E 为金属熔点，都用热力学温度表示）大于 0.3 时才比较显著。如碳钢温度超过 300℃、合金钢温度超过 400℃时，就必须考虑蠕变的影响。

　　蠕变过程可以用蠕变曲线来表示，见图 22-1。蠕变曲线上任一点的斜率，表示该点的蠕变速率（$\dot{\varepsilon} = \mathrm{d}\delta/\mathrm{d}\tau$）。按照蠕变速率的变化情况，可将蠕变过程分为三个阶段。

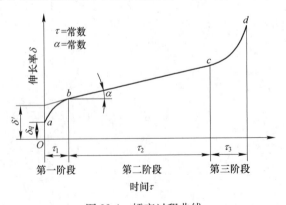

图 22-1　蠕变过程曲线

第一阶段 ab 是减速蠕变阶段（又称过渡蠕变阶段）。这一阶段开始的蠕变速率很大，随着时间延长蠕变速率逐渐减小，到 b 点蠕变速率达到最小值。

第二阶段 bc 是恒速蠕变阶段（又称稳态蠕变阶段）。这一阶段的特点是蠕变速率几乎保持不变。一般所指的金属蠕变速率，就是以这一阶段的蠕变速率 $\dot{\varepsilon}$ 表示的。

第三阶段 cd 是加速蠕变阶段。随着时间的延长，蠕变速率逐渐增大，至 d 点产生蠕变断裂。

由于金属在长时高温载荷作用下会产生蠕变，因此，对于在高温下工作并依靠原始弹性变形获得工作应力的机件，就可能随时间的延长，在总变形量不变的情况下，弹性变形不断地转变为塑性变形，从而使工作应力逐渐降低，以致失效。这种在规定温度和初始应力条件下，金属材料中的应力随时间增加而减小的现象称为应力松弛。可以将应力松弛现象看做是应力不断降低条件下的蠕变过程，因此，蠕变与应力松弛是既有区别又有联系的。

22.2.2　蠕变的主要力学性能指标

（1）蠕变极限：在规定温度下使试样在规定时间产生的蠕变伸长率（总伸长率或塑性伸长率）或稳态蠕变速率不超过规定值的最大应力。

当以伸长率测定蠕变极限时，用 $\sigma_{\varepsilon/\tau}^{t}$ 或 $\sigma_{\varepsilon_p/\tau}^{t}$ 表示；当以稳态蠕变速率测定蠕变极限时，用 $\sigma_{v/\tau}^{t}$ 表示。其中，t 表示温度；ε 表示伸长率；τ 表示时间；v 表示速率。

（2）持久强度极限：试样在规定温度下达到规定的实验时间而不产生断裂的最大应力，用 σ_{v}^{t} 表示。

此外，还有持久断后伸长率、持久断面收缩率等塑性指标，与室温下的塑性指标相似。

22.3　实验设备与材料

实验设备：蠕变实验机。

实验材料：AZ31 镁合金（热挤压态和固溶态），制成标准矩形截面试样，为缩短实验时间，侧面开缺口。

22.4　实验内容及步骤

实验内容：

（1）观察热挤压态和固溶态 AZ31 镁合金 400℃恒温蠕变过程。

（2）测定 AZ31 镁合金的蠕变极限和持久强度极限。

实验步骤：

（1）实验前对试样表面及尺寸进行检查，并测量原始尺寸。

（2）在试样两端及缺口处各固定一只热电偶。

（3）装载试样。

（4）升温前，对试样施加不大于总试验力 10%的初始力。

（5）将试样加热到规定温度，保温一定时间后，平稳地施加试验力。

（6）蠕变变形的记录应保证明确地绘出蠕变曲线。

（7）保证至少 4 个应力水平的等温蠕变实验和 5 个应力水平的等温持久实验。

（8）卸载，待试样冷却到室温后测量尺寸。

22.5　实验报告要求

（1）简述蠕变的基本概念和主要力学性能指标。

（2）根据等温蠕变实验数据绘制应力-蠕变伸长率关系曲线，外推出蠕变极限。

（3）根据等温持久实验数据绘制应力-断裂时间关系曲线，外推出持久强度极限。

思 考 题

不同热处理状态对 AZ31 镁合金蠕变性能有何影响？

实验 23   热处理工艺对合金电阻的影响

23.1   实 验 目 的

（1）了解金属及合金电阻的测量方法。
（2）掌握双臂电桥的使用方法。
（3）测量不同热处理制度下合金的电阻，明确合金组织结构与电阻的关系。

23.2   实 验 原 理

23.2.1   金属及合金的导电性

金属及合金的导电性能是以电阻率（ρ）来衡量的，这是因为导体的电阻与导体的几何因素密切相关，而电阻率公式如下：

$$\rho = R \cdot S/L \tag{23-1}$$

式中 L ——导体的长度；

S ——导体的横截面积。

电阻率与导体的几何因素无关，是导体材料本身的电学性质，由导体的材料决定，且与温度有关。

电阻率对金属及合金的成分、组织、结构变化很敏感，能反映出材料内部结构的微弱变化。因此常用电阻率的变化来研究材料内部组织结构的变化，称为电阻分析。

23.2.2   合金热处理过程中电阻的变化

23.2.2.1   合金时效过程中电阻的变化

过饱和固溶体在室温或较高温度下等温保持时将发生脱溶。通常情况下，过饱和固溶体的脱溶具有脱溶序列现象，即在平衡相析出之前会出现若干个亚稳脱溶相，最典型的脱溶序列是"溶质原子偏聚区（即 G.P. 区）→过渡相→平衡相"三步序列。合金在脱溶过程中，其力学性能、物理性能和化学性能均发生变化，这种现象称为时效。

合金在时效过程中，电阻会发生显著变化。以铝铜合金为例，其在室温下进行时效时电阻先升高，之后趋于不变。初期电阻升高是由于溶质原子在固溶体中发生偏聚，形成了不均匀固溶体，即 G.P. 区，导电电子发生散射的缘故。因时效温度低，铜原子只能达到一定程度的偏聚，故电阻率略增高后趋于不变。如果铝合金在较高温度下时效，则从固溶体中析出过渡相，从而降低溶质的含量，使溶剂点阵的对称性得到恢复，减少电子散射，故电阻下降。可见电阻的变化可以反映铝合金内部组织的变化。

23.2.2.2　碳钢回火过程中电阻的变化

淬火钢在回火过程中会发生马氏体分解、残余奥氏体转变、碳化物转变、渗碳体聚集长大及基体相再结晶一系列变化。在不同的阶段淬火钢的电阻表现出不同的特点。马氏体分解与残余奥氏体转变开始时，电阻分别急剧下降，这是因为固溶体发生分解，溶质含量减少，从而使电阻降低。此后电阻变化很小。

利用电阻法分析测定淬火钢回火过程中电阻的变化，可以了解淬火钢中马氏体和奥氏体分解与温度的关系，从而根据钢的使用要求，确定不同的回火温度。

23.2.3　金属及合金电阻的测量方法

23.2.3.1　直流电位差计测量法

直流电位差计是比较法测量电动势的一种仪器。其测量原理是将一个标准电阻 R_n 与待测电阻 R_x 串联在稳定的电流回路上，然后分别测量标准电阻与待测电阻上的电压降 U_n 和 U_x。因为通过 R_n 和 R_x 的电流相等，所以有

$$R_x = R_n \times U_x / U_n \tag{23-2}$$

待测金属或合金的电阻随温度变化时，用直流电位差计法测量精度比较高。

23.2.3.2　双臂电桥法

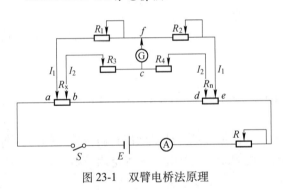

图 23-1　双臂电桥法原理

双臂电桥法测量原理如图 23-1 所示。由图可见，待测电阻 R_x 和标准电阻 R_n 串联于有恒直流源的回路中。由可调电阻 R_1、R_2、R_3、R_4组成的电桥臂线路与 R_x、R_n 线段并联。待测电阻 R_x 的测量归结为调节可变电阻 R_1、R_2、R_3、R_4，使 f 与 c 点电位相等，此时电桥达到平衡，检流计 G 指示为零。

最终

$$R_x = \frac{R_1}{R_2} R_n + \frac{r(R_1 R_4 - R_2 R_3)}{R_2 (r + R_3 + R_4)} \tag{23-3}$$

双臂电桥法是测量小电阻的常用方法，该方法能精确测量大小为 $10^{-6} \sim 10^{-3}\,\Omega$ 的电阻，误差为 0.2% ~ 0.3%。

23.3　实验设备与材料

实验设备： 箱式电阻炉、FMQJ-36 型直流单双臂电桥、BZ$_3$ 标准电阻（0.01Ω）、四端夹具、换向开关、旋转式电阻箱。

实验材料： 2024 铝合金、T10 钢丝、水、砂纸、游标卡尺、螺旋测微器。

23.4　实验内容及步骤

实验内容：

（1）对给定试样进行固溶处理或淬火、回火操作。

（2）利用双臂电桥测量热处理后各样品的电阻。

（3）将所测得的电阻值换算成电阻率，并对数据进行分析。

实验步骤：

（1）铝合金时效处理及其电阻的测定。

1）将铝合金试样放入箱式电阻炉中进行固溶处理（加热温度为 500℃，保温时间为 10~15min，保温结束后快速淬入水槽），然后对经过固溶处理的试样进行时效处理（时效温度为 220℃，时效时间分别为 30min、60min、90min，冷却方式为水冷）。

2）利用双臂电桥法测量固溶及时效处理后铝合金试样的电阻。

3）测量各试样的长度及半径，将电阻值转换成电阻率。

（2）T10 钢淬火、回火处理及其电阻的测定。

1）将 T10 钢丝放入箱式电阻炉中进行淬火（淬火温度为 780℃，保温时间为 1~2min），之后进行回火（回火温度分别为 100℃、200℃、300℃、400℃）。

2）利用双臂电桥法测量淬火及回火处理后 T10 钢丝的电阻。

3）测量 T10 钢丝的长度及直径，将电阻值转换成电阻率。

23.5　实验报告要求

（1）简述实验目的、实验原理和实验方法。

（2）绘出铝合金时效时间 t 与电阻率 ρ 的关系曲线，分析不同时效时间下电阻率变化的原因。

（3）绘出 T10 钢丝的回火温度 T 与电阻率 ρ 的关系曲线，分析回火温度对电阻率的影响。

思　考　题

（1）电阻率测量过程中主要的误差来源有哪些？

（2）如何利用电阻分析法测量钢加热时渗碳体的溶解度？

实验 24　霍尔效应在电学性能上的应用

24.1　实 验 目 的

（1）了解和学习霍尔效应原理。
（2）掌握利用霍尔效应仪测量半导体材料的电学性能。
（3）学习数据分析的方法。

24.2　实 验 原 理

霍尔效应测试是研究半导体性质的一种基本方法，用于测量半导体材料的导电类型、载流子浓度、载流子迁移率等电学参数，在研究和生产中有广泛的应用。

24.2.1　范德堡方法原理

范德堡方法可以用来测量任意形状的厚度均匀的薄膜样品。在样品侧边制作四个对称的电极，如图 24-1 所示。

测电阻率时，依次在一对相邻的电极通电流，另一对电极之间测电位差，得到电阻 R，代入公式得到电阻率 ρ。

$$R_{AB,\,CD} = \frac{V_{CD}}{I_{AB}} \quad R_{BC,\,DA} = \frac{V_{DA}}{I_{BC}}$$

$$\rho = \frac{\pi d}{\ln 2} \times \frac{R_{AB,\,CD} + R_{BC,\,DA}}{2} \times f\left(\frac{R_{AB,\,CD}}{R_{BC,\,DA}}\right) \tag{24-1}$$

式中　d——样品厚度；

　　　f——范德堡因子，是比值 $R_{AB,CD}/R_{BC,DA}$ 的函数。

测量霍尔系数时，在一对不相邻的电极通上电流，并在垂直样品方向上加一磁场，在另一对不相邻的电极上测量电压的变化，由此得到霍尔系数及其载流子浓度。

$$R_{\mathrm{H}} = \frac{d}{B} \times \frac{\Delta V_{BD}}{I_{AC}}, \quad n = \frac{1}{|R_{\mathrm{H}}|q} \tag{24-2}$$

式中　d——样品厚度；

　　　B——磁场强度；

　　　q——电子电荷；

　　　R_{H}——霍尔系数；

　　　n——单位体积带电粒子数。

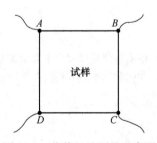

图 24-1　范德堡法测量示意图

由电阻率和霍尔系数的测量，同时还可以得到电子的霍尔迁移率 μ：

$$\mu = \frac{|R_H|}{\rho} \tag{24-3}$$

24.2.2　霍尔效应原理

霍尔效应（Hall effect）的发现起源于 1879 年，当时 Edwin H. Hall 发现当电流流经一片有外加磁场的金属薄膜时会有横向电压产生，如图 24-2 所示。

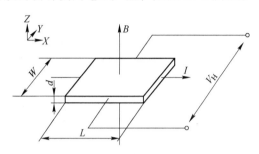

图 24-2　霍尔效应原理

霍尔效应原理为：通过电流的半导体在垂直电流方向的磁场作用下，在与电流和磁场垂直的方向上形成电荷积累和出现电势差的现象，如图 24-2 所示。一块长为 L，宽为 W，厚为 d 的单晶薄片，置于沿 Z 轴方向的磁场 B 中，在 X 轴方向通电流 I，由于受到洛伦兹力的作用，样品在沿 Y 轴的一个侧面有电荷的累积，而形成横向的 Hall 电压（V_H）。

$$V_H = \frac{IB}{edN_c} \tag{24-4}$$

式中　I ——电流；

　　　B ——磁场强度；

　　　d ——样品的厚度；

　　　e ——电子的基本电荷；

　　　N_c ——载流子浓度。

因此载流子浓度可以通过测量 V_H 获得。

载流子迁移率 μ_c 一般根据它与电导率及载流子浓度之间的关系计算得到，也可以从 Hall 迁移率 μ_H 计算得到：

$$\mu_H = \mu_c = \frac{\sigma}{eN_c} = \frac{\sigma V_H d}{IB} = \frac{V_H}{IBR_S} \tag{24-5}$$

式中　R_S ——薄膜材料的方块电阻，即单位面积薄膜的电阻，用 $\Omega/\square$ 表示。

24.2.3　霍尔效应测量

（1）主要是先四点测量，利用范德堡法求得方块电阻 R_S（ohm/sq）。

（2）再根据 Hall 效应量测 V_H（Hall 电压），判断多数载子为 N-型或 P-型。

（3）加上量测时输入的电流 I、磁场、膜厚，求出电阻率 ρ、载子浓度和迁移率等。

24.3 实 验 设 备

实验设备：SWIN Hall 8800。

24.4 实验内容及步骤

实验内容：

（1）测量电子材料的重要特性参数，如载流子浓度、迁移率、电阻率和霍尔系数等。

（2）数据记录及处理。

实验步骤：

（1）开主机，等待 10s 后打开软件。

（2）切样，将待测样品切成所需大小试样（一般 10mm×10mm），并作标记。

（3）取出样品夹，将待测样品放于试样夹与胶粘好固定，并分别将探针放置于待测样品接触电极上。

（4）将磁场取出，样品夹放入黄色点对齐。在无磁场条件下点击 Ohmic，检测样品接触电极是否良好，是否遵循欧姆定律（观测 R_{12}，R_{23}，…，是否在同一数量级），若 Out of Range 处于红色或伏安特性曲线线性不好可通过调节电流 $I(A)$ 及 Limit(V) 直到 Out of Range 变蓝或伏安特性曲线良好。

（5）点击 Measure 测量，显示"NaN"，调整 DMM Range（V）值，再执行 Measure，直到"NaN"消失，显示一般数字（DMM Range（V）一般可调整至比 V_{43}，V_{34}… 等值大一些）。

（6）待测试出现 APPLY+B，将样品面对磁场 N 级，然后点击 OK，即开始霍尔效应测量。

（7）当 APPLY+B 测量完成，APPLY-B 量测出现，此时将样品面对磁场 S 级，然后点击 OK，即开始霍尔效应测量。

（8）测量完毕，保存数据，点击 Save，可将测量结果存盘。

（9）取出试样，关闭软件，关闭电脑，关闭主机，物品归放原处。

（10）若需继续测量，重复步骤（2）～（8）过程。

24.5 实验报告要求

（1）简述实验目的、实验原理和实验方法。

（2）如实记录实验数据，分析实验结果并展开讨论。

思 考 题

举例说明霍尔效应原理的应用。

实验 25　奥氏体不锈钢晶间腐蚀实验

25.1　实　验　目　的

（1）掌握影响奥氏体不锈钢晶间腐蚀的因素。
（2）掌握不锈钢晶间腐蚀实验的方法。

25.2　实　验　原　理

18-8 型奥氏体不锈钢在许多介质中具有高的化学稳定性，但在 400~800℃ 范围内加热或在该温度范围内缓慢冷却后，在一定的腐蚀介质中易产生晶间腐蚀。晶间腐蚀的特征是沿晶界进行浸蚀，使金属丧失力学性能，致使整个金属变成粉末。

25.2.1　晶间腐蚀产生的原因

一般认为在奥氏体不锈钢中，铬的碳化物在高温下溶入奥氏体中，由于敏化（400~800℃）加热时，铬的碳化物常在奥氏体晶界处析出，造成奥氏体晶粒边缘出现贫铬现象，使该区域电化学稳定性下降，于是在一定的介质中产生晶间腐蚀。为提高奥氏体不锈钢耐蚀性能，常采用以下两种方法。

（1）将 18-8 型奥氏体不锈钢碳含量降至 0.03% 以下，使之减少晶界处碳化物析出量，而防止发生晶间腐蚀。这类钢称为超低碳不锈钢，常见的有 00Cr18Ni10。

（2）在 18-8 型奥氏体不锈钢中加入比铬更易形成碳化物的元素钛或铌，钛或铌的碳化物较铬的碳化物难溶于奥氏体中，所以在敏化温度范围内加热时，也不会在晶界处析出碳化物，不会在腐蚀性介质中产生晶间腐蚀。为固定 18-8 型奥氏体不锈钢中的碳，必须加入足够数量的钛或铌，按相对原子质量计算，钛或铌的加入量分别为钢中碳含量的 4~8 倍。

25.2.2　晶间腐蚀的实验方法

晶间腐蚀的实验方法有 C 法、T 法、L 法、F 法和 X 法。这里介绍容易实现的 C 法和 F 法。

25.2.2.1　试样状态

（1）含稳定化元素（Ti 或 Nb）或超低碳（$w(C) \leqslant 0.03\%$）的钢种应以在固溶状态下经敏化处理的试样进行实验。敏化处理制度为 650℃ 保温 1h 空冷。

（2）碳含量大于 0.03% 不含稳定化元素的钢种，以固溶状态的试样进行实验；用于焊接钢种应经敏化处理后进行实验。

（3）直接以冷状态使用的钢种，经协议可在交货状态实验。

（4）焊接试样直接以焊后状态实验。如焊后要在 350℃ 以上热加工，试样在焊后要进行敏化处理。

25.2.2.2　试样制备

（1）试样从同一炉号、同一批热处理和同一规格的钢材中选取。铸件试样从同一炉号的钢水浇铸的试块中选取。含稳定化元素钛的钢种，试样在该炉号最末浇铸的试块中选取。焊后试样从相同的钢材和相同的焊接工艺焊成的试样上选取。

（2）试样热处理应在试样磨光前进行。试样表面无氧化、光洁。

25.2.2.3　实验方法

C 法：

草酸电解浸蚀实验。

（1）实验溶液：100g 草酸溶解于 900mL 蒸馏水中。

（2）实验程序：

1）检验面用酒精或丙酮洗净，干燥。

2）试样为阳极，不锈钢为阴极。

3）容器内溶液的多少，视容器大小而定。

4）接通电源，电流密度按试样实验部分的表面积计算，每平方厘米 1 安培，实验溶液温度为 20~50℃，实验时间为 15min。

5）实验后将试样洗净，干燥。在显微镜下放大 150~500 倍评定。

F 法：

（1）实验装置：带盖塑料实验容器，恒温水浴槽。

（2）实验溶液：25%硝酸，加 2%氟化钠。

溶液配制：在塑料容器内，加入 593mL 蒸馏水和 277mL 相对密度为 1.39 的 65%硝酸，在 70℃ 时加入 20g 氟化钠，待氟化钠溶解后，立即注入实验容器进行实验。

（3）实验步骤：

1）试样用氧化镁或丙酮除油、洗净，干燥。

2）实验容器中放入塑料支架，试样置于支架上，试样之间互不接触。

3）溶液量按试样表面积计算，每平方厘米不少于 5mL。

4）在 70℃±1℃实验 3h，防止溶液蒸发损失。

5）实验后取出试样，刷去腐蚀产物，洗净、干燥。

25.2.3　实验结果的评定

25.2.3.1　C 法评定

用金相显微镜观察试样的浸蚀部位，放大倍数 150~500 倍，压力加工试样的腐蚀组织分为四级，见表 25-1。铸件、焊接件试样的腐蚀组织分为三级，见表 25-2。

25.2.3.2　F 法评定

实验后的试样，厚度小于或等于 1mm 时弯曲角度为 180℃，弯心直径等于试样厚度；厚度大于 1mm 时弯曲角度为 90℃（压力加工试样弯成 Z 字形），弯心直径等于 5mm。焊接试样沿熔合线进行弯曲。

表 25-1 压力加工试样腐蚀组织

级 别	组 织 特 征
一级	晶界没有腐蚀沟，晶粒之间成台阶状
二级	晶界有腐蚀沟，但没有一个晶粒被腐蚀沟包围
三级	晶界有腐蚀沟，个别晶粒被腐蚀沟包围
四级	晶界有腐蚀沟，大部分晶粒被腐蚀沟包围

表 25-2 铸件、焊接件试样的腐蚀组织

级 别	组 织 特 征
一级	晶界有腐蚀沟，铁素体被显现
二级	晶界有不连续的腐蚀沟，铁素体被腐蚀
三级	晶界有连续的腐蚀沟，铁素体被严重腐蚀

弯曲后的试样用 10 倍放大镜观察，若只有一个试样上发现有裂纹，即有晶间腐蚀倾向。当试样不能进行弯曲或弯曲裂纹性质可疑时，用金相法评定。金相试样经浸蚀后，在 150~500 倍金相显微镜上观察，如发现晶间腐蚀，即有晶间腐蚀倾向。

25.3 实验设备与材料

实验设备： 电阻炉、砂轮机、抛光机、电解腐蚀仪、显微镜。
实验材料： 00Cr18Ni10 和 1Cr18Ni9 不锈钢板。

25.4 实验内容及步骤

实验内容：
（1）检验并分析 00Cr18Ni10 焊接钢板的晶间腐蚀倾向。
（2）检验并分析 1Cr18Ni9 冷变形钢板的晶间腐蚀倾向。
实验步骤：
（1）按标准要求处理、制备试样。
（2）按标准要求配制腐蚀液。
（3）按标准进行实验并评定晶间腐蚀倾向。

25.5 实验报告要求

（1）简述晶间腐蚀的实验原理。

（2）叙述实验步骤。

（3）记录实验结果并对其分析。

思 考 题

00Cr18Ni10 焊接钢板和 1Cr18Ni9 冷变形钢板晶间腐蚀倾向有何差异，试分析原因。

实验 26　应力腐蚀实验

26.1　实 验 目 的

（1）掌握应力腐蚀开裂的概念及其产生条件。
（2）掌握应力腐蚀开裂的实验方法。

26.2　实 验 原 理

26.2.1　应力腐蚀开裂的概念及其产生条件

金属在拉应力和特定的化学介质共同作用下，经过一段时间后所产生的低应力脆断现象，称为应力腐蚀开裂（SCC）。应力腐蚀开裂并不是金属在应力作用下的机械性破坏与在化学介质作用下的腐蚀性破坏的叠加所造成的，而是在应力和化学介质的联合作用下，按特有机理产生的断裂。其断裂强度比单个因素分别作用后再叠加起来的要低得多。

产生应力腐蚀的条件是应力、化学介质和金属材料。

26.2.2　应力腐蚀抗力指标

通常用光滑试样在拉应力和化学介质共同作用下，依据发生断裂的持续时间来评定金属材料的抗应力腐蚀性能，如图 26-1 所示，从而求出该种材料不发生应力腐蚀的临界应力，据此来研究合金元素、组织结构及化学介质对材料应力腐蚀敏感性的影响。

26.2.2.1　应力腐蚀临界应力场强度因子 K_{Iscc}

试样在特定化学介质中不发生应力腐蚀断裂的最大应力场强度因子称为应力腐蚀临界应力场强度因子（或称为应力腐蚀门槛值），以 K_{Iscc} 表示。

对于含有裂纹的机件，当作用于裂纹尖端的初始应力场强度因子 $K_{I初} \le K_{Iscc}$ 时，原始裂纹在化学介质和力的共同作用下不会扩展，机件可以安全服役。因此 $K_{I初} \ge K_{Iscc}$ 为金属材料在应力腐蚀条件下的断裂判据。

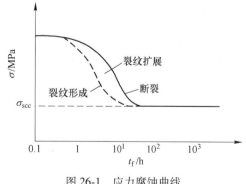

图 26-1　应力腐蚀曲线

26.2.2.2　应力腐蚀裂纹扩展速率 da/dt

当应力腐蚀裂纹尖端的 $K_I > K_{Iscc}$ 时，裂纹就会不断扩展。单位时间内裂纹的扩展量称为应力腐蚀裂纹扩展速率，用 da/dt 表示。实验证明，da/dt 与 K_I 有关，即：

$$da/dt = f(K_I)$$

在 $\lg(da/dt)-K_I$ 坐标图上，其关系曲线如图 26-2 所示。

26.2.3　$K_{I scc}$ 的测定方法

测定金属材料的 $K_{I scc}$ 值可用恒载荷法或恒位移法，其中以恒载荷的悬臂梁弯曲实验法最常用。所用试样与测定 K_{Ic} 的三点弯曲试样相同。实验装置如图 26-3 所示。试样的一端固定在机架上，另一端与力臂相连，力臂端头通过砝码进行加载，试样穿在溶液槽中，使预制裂纹沉浸在化学介质中。在整个实验过程中载荷恒定，所以随着裂纹的扩展，裂纹尖端的 K_I 增大。K_I 可用下式计算：

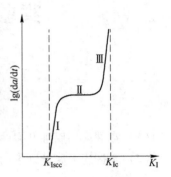

图 26-2　应力腐蚀裂纹的
da/dt-K_I 关系曲线

$$K_I = \frac{4.12M}{BW^{3/2}} \left(\frac{1}{a^3} - a^3 \right)^{1/2}$$

式中　M ——裂纹截面上的弯矩，$M=FL$；

　　　B ——试样厚度；

　　　W ——试样宽度；

　　　a ——裂纹长度，$a=1-a/W$。

实验时，必须制备一组尺寸相同的试样，每个试样承受不同的恒定载荷 F，使裂纹尖端产生不同大小的初始应力场强度因子 $K_{I初}$，记录试样在各种 $K_{I初}$ 作用下的断裂时间 t_f。以 $K_{I初}$ 与 t_f 为坐标作图，便可得到如图 26-4 所示的曲线。曲线水平部分所对应的纵坐标值即为材料的 K_{Iscc}。

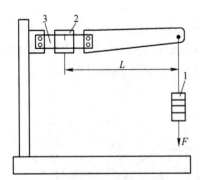

图 26-3　悬臂梁弯曲实验装置简图
1—砝码；2—溶液槽；3—试样

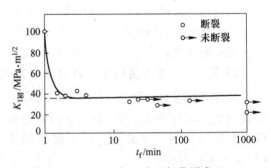

图 26-4　以 $K_{I初}$ 与 t_f 为坐标作图求 K_{Iscc}

26.3　实验设备与材料

实验设备： 应力腐蚀试验机。

实验材料： 45 钢和 1Cr18Ni9 不锈钢。

26.4 实验内容及步骤

实验内容:

(1) 测定 45 钢在 3.5%NaCl 溶液中的 K_{Iscc}。

(2) 测定 1Cr18Ni9 不锈钢在 3.5%NaCl 溶液中的 K_{Iscc}。

实验步骤:

(1) 将 45 钢和 1Cr18Ni9 不锈钢制成含预制裂纹的三点弯曲试样。

(2) 试样的一端固定在机架上,另一端与力臂相连,力臂端头通过砝码进行加载,试样穿在溶液槽中,使预制裂纹沉浸在化学介质中。

(3) 加载不同的恒载荷,记录相应的断裂时间,绘制曲线,测定 K_{Iscc} 值。

26.5 实验报告要求

(1) 简述应力腐蚀开裂的概念及产生原因。

(2) 绘制 45 钢的应力腐蚀曲线并测定其 K_{Iscc}。

(3) 绘制 1Cr18Ni9 不锈钢的应力腐蚀曲线并测定其 K_{Iscc}。

思 考 题

45 钢和 1Cr18Ni9 不锈钢的应力腐蚀原因是否相同,为什么?

实验 27　差热分析法测定合金的相变点

27.1　实　验　目　的

（1）明确差热分析的基本原理。

（2）掌握差热分析仪器的基本操作方法。

（3）利用差热分析法研究合金在加热过程中的相变。

27.2　实　验　原　理

物质在温度变化过程中伴随着微观结构、宏观物理、化学等性质的变化，宏观上的物理、化学性质的变化通常与物质的组成和微观结构相关联。通过测量和分析物质在加热或冷却过程中的物理、化学性质的变化，可以对物质进行定性、定量分析。热分析法就是在程序控制温度下测量物质的物理性质与温度关系的一类技术。热分析法可以分为普通热分析法、差热分析法（DTA）、差示扫描量热法（DSC）、热重分析法（TG）和热膨胀分析法等。

27.2.1　常用热分析方法

27.2.1.1　普通热分析法

普通热分析法是测量材料在加热或冷却过程中热效应所产生的温度和时间关系的一种分析方法。普通热分析法的测量精度不高，因此实际中已很少应用。

27.2.1.2　差热分析法（DTA）

差热分析法是在程序控制温度下，将被测材料与参比物在相同条件下加热或冷却，测量试样与参比物之间温差（ΔT）随温度（T）或时间（t）的变化关系的一种热分析方法。在 DTA 实验中所采用的参比物应为在测量温度范围内不发生任何热效应的物质，如 α-Al_2O_3、MgO 等。实验过程中，将试样与参比物的温差作为温度或时间的函数连续记录下来，就得到差热分析曲线。

27.2.1.3　差示扫描量热法

差示扫描量热法是在程序温度控制下用差动方法测量加热或冷却过程中，在试样和标样的温度差保持为零时，所要补充的热量与温度或时间的关系的分析技术，可分为功率补偿差示扫描量热法和热流式差示扫描量热法。前者通过功率补偿试样和参比物的温度处于动态的零位平衡状态；后者要求试样和参比物的温度差与传输到试样和参比物间的热流差成正比关系。目前较多采用的是热流式差示扫描量热法。

27.2.1.4　热重分析法

试样在热处理过程中，随着温度的变化会有水分排出，或者试样在热分解等反应时会放出气体，上述变化都会使热天平产生失重。热重法就是在程序控制温度下测量材料的质量与温度关系的一种分析技术，把试样的质量作为温度或时间的函数记录分析，得到的曲线为热重曲线。通过热重分析能够鉴定不同的物质。

27.2.2　差热分析法原理

两种金属接触时，自由电子会在两者中发生不同程度的转移，从而使两金属产生接触电位差。把两种不同的金属焊接在一起，组成一个环状闭合电路，当两焊接点温度分别为 T_1（试样温度）和 T_2（参比温度），且 $T_1 \neq T_2$ 时，则环状闭合电路内就有电动势产生。

示差热电偶是差热分析仪的最主要测量装置。将镍铬合金或铂铑合金两端各自与等粗的两段铂丝用电弧焊上即成为示差热电偶。将示差热电偶的两焊点分别插入等量的试样和参比物容器内，放置于电炉中，再将示差热电偶的两端与信号放大系统和记录仪连接就构成了差热分析装置（图 27-1）。

差热分析时，将试样和参比物对称地放在样品容器内，并将其置于炉子的恒温区内。当程序加热或者冷却时，若试样没有热效应，试样与参比物没有温差，$\Delta T = 0$，此时记录曲线为一条水平线，该水平线称为差热曲线的基线。如果试样在加热过程中发生熔化、分解、晶格破坏型相变，试样将吸收热量，此时 $T_2 > T_1$，形成一个吸热峰。如果试样在加热过程中发生氧化、晶格重建及形成新相时，一般为放热反应，试样温度升高，此时 $T_1 > T_2$，形成一个放热峰。图 27-2 所示为理想状态差热曲线示例。

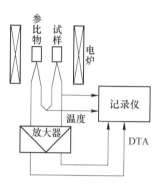

图 27-1　差热分析工作原理示意图

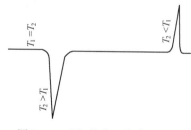

图 27-2　理想状态差热曲线示例

差热分析虽然广泛应用于材料物理化学性能变化的研究，但同一物质测定得到的值往往不一致，这主要是实验条件不一致引起的，因此必须认真控制影响实验结果的各种因素，并明确标注测定时的实验条件。影响实验结果的因素有：实验所用仪器（炉子形状、尺寸、热电偶位置等）、升温速率、气氛、试样用量、粒度等。

27.3　实验设备与材料

实验设备： Setaram Setsys Evolution 同步热分析仪、球磨机。
实验材料： 硬铝合金。

27.4   实验内容及步骤

实验内容：

测定铝合金试样的相变温度。

实验步骤：

（1）用球磨机将硬铝合金试样磨制成均匀的颗粒。

（2）将待测的硬铝合金颗粒和参比物分别装入坩埚。

（3）将坩埚放入炉中，设定升温速率，启动数据记录软件，并开始加热。

（4）达到目标温度后停止加热，记录实验数据。

27.5   实验报告要求

（1）简述实验目的、实验原理和实验方法。

（2）根据实验结果绘制铝合金的差热曲线，确定相变温度并分析铝合金的相变过程。

思 考 题

（1）为什么反应前后差热曲线的基线往往不在一条水平线上？

（2）影响差热分析结果的因素有哪些？

实验 28　磁性法测定淬火
钢中残余奥氏体含量

28.1　实　验　目　的

（1）掌握铁磁材料磁滞回线的概念及测量方法。
（2）学习测量材料的矫顽力 H_c、饱和磁场强度 H_m 和饱和磁化强度 B_m 等参数。
（3）利用磁性法研究淬火温度对钢中残余奥氏体含量的影响。

28.2　实　验　原　理

28.2.1　磁滞回线

　　铁、钴、镍及其合金以及含铁的氧化物均属铁磁物质，其特征是在外磁场作用下能被强烈磁化，磁导率很高。另一特性是磁滞，即磁化场作用停止后，铁磁材料仍保留磁化状态。图 28-1 所示为磁感应强度 B 与磁场强度 H 之间的关系曲线。

　　原点处表示磁化前铁磁物质处于磁中性状态。当外磁场增加时，磁感应强度 B 随之缓慢上升，如 Oa 所示。在此之后磁感应强度 B 随 H 迅速增长，如 ab 段所示。其后，磁感应强度 B 的增长趋势又变缓，当 H 值增至 H_s 时，B 的值达到 B_s，点 s 的 B_s 和 H_s 通常又称为本次磁滞回线的 B_m 和 H_m。$Oabs$ 段称起始

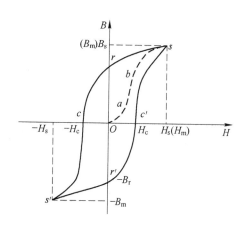

图 28-1　铁磁物质的起始
磁化曲线和磁滞回线

磁化曲线。当磁场从 H_s 逐渐减少至零时，磁感应强度 B 并不沿起始磁化曲线恢复到 O 点，而是沿一条新的曲线 sr 下降，比较线段 Os 和 sr，我们看到：H 减小，B 也相应减小，但 B 的变化滞后于 H 的变化，这个现象即磁滞。当磁场反向从 0 逐渐变为 $-H_c$ 时，磁感应强度 $B=0$，这就说明要想消除剩磁，必须施加反向磁场，H_c 称为矫顽力。它的大小反映铁磁材料保持剩磁状态的能力，线段 rc 称为退磁曲线。当外加磁场按 $H_s \to 0 \to -H_c \to -H_s \to 0 \to H_c \to H_s$ 次序变化时，相应的磁感应强度则按闭合曲线 $srcs'r'c's$ 变化，这个闭合曲线称为磁滞回线。

28.2.2　钢中残余奥氏体含量的测定

任何钢材经淬火到室温后，都或多或少地保留一些奥氏体。残余奥氏体量的多少显著地影响着淬火工件的质量。因此，控制和测量淬火后的残余奥氏体量是极为重要的。

淬火钢中残余奥氏体和合金碳化物是顺磁相，马氏体为铁磁相。当顺磁相与铁磁相形成机械混合物时，该机械混合物的饱和磁化强度与铁磁相的量成正比。

当淬火钢中只有铁磁相的马氏体和顺磁相的残余奥氏体时，可以先测量出淬火钢中马氏体的数量，然后再将其扣除可得到残余奥氏体的数量。实验的磁场强度必须使试样能够达到饱和状态，才能准确地确定马氏体的数量。

在只有马氏体和残余奥氏体的两相系统中，其饱和磁化强度为

$$M_S = V_M \cdot M_M/V + V_A \cdot M_A/V \qquad (28-1)$$

式中　　M_S——待测样品的饱和磁化强度；

　M_M，M_A——分别为马氏体和残余奥氏体的饱和磁化强度；

V_M，V_A，V——分别为马氏体、残余奥氏体和试样的体积。

由于奥氏体是顺磁体，M_A几乎为零，且 $V = V_M + V_A$，所以残余奥氏体的体积分数为

$$\varphi_A = 1 - (M_S/M_M) \qquad (28-2)$$

这种确定残余奥氏体的方法是用被测试样与一个完全马氏体的试样做比较，由于完全马氏体的试样难以得到，一般用标样代替。所谓的标样是淬火后立即进行深冷处理的试样。

高碳钢淬火组织由马氏体、残余奥氏体和碳化物组成，后两者均为非铁磁相，此时，残余奥氏体量由下式求出。

$$\varphi_A = 1 - (M_S/M_M) - \varphi_{cm} \qquad (28-3)$$

式中，φ_{cm} 为碳化物体积分数，可通过定量金相法确定。

标样是决定残余奥氏体含量测量准确程度的关键。对碳钢或中低合金钢，常选用同样成分经淬火后再深冷处理的试样为标准样品，高合金钢则用退火或淬火经高温回火处理的试样为标样。

28.3　实验设备与材料

实验设备： 箱式电阻炉、智能磁滞回线测试仪。

实验材料： T8 钢试样、水、液氮。

28.4　实验内容及步骤

实验内容：

（1）测量各试样的磁滞回线，并确定 H_c、H_m、B_m 等参数。

（2）计算各试样的残余奥氏体含量。

实验步骤：

（1）标样的制备。

将 T8 钢放入箱式电阻炉中加热（加热温度分别为 760℃、780℃、800℃、820℃，保温时间 10min），之后进行水淬。水淬后的样品立即放入液氮中进行深冷处理。

（2）试样的制备。

将 T8 钢放入箱式电阻炉中加热（加热温度分别为 760℃、780℃、800℃、820℃，保温时间 10min），之后进行水淬。

（3）分别测量标样与试样的 H_c、B_m 与 H_m，并观察、比较各样品的磁滞回线。

（4）计算各个试样的残余奥氏体含量。

28.5　实验报告要求

（1）简述实验目的、实验原理和实验方法。

（2）画出淬火温度与残余奥氏体量的关系曲线并进行分析与讨论。

思 考 题

简述磁性法在金属材料其他研究中的应用。

实验 29   X 射线衍射仪与物相定性分析

29.1 实 验 目 的

（1）了解 X 射线衍射仪的基本构造并学会有关基本操作。
（2）掌握应用粉末衍射图谱进行物相分析的方法。

29.2 实 验 原 理

29.2.1   X 射线衍射仪的基本组成

用已知波长的 X 射线研究一试样，用计数器系统依次测出一系列衍射线束的 θ 值，同时记录出各衍射线束的相对强度 I，用来做有关的分析，这样的仪器称为 X 射线衍射仪。

X 射线衍射仪基本由三大部分组成：

（1）X 射线发生器：X 射线管及其所需稳压稳流电源。

（2）衍射仪测角台：测角台上放置试样和计数器，它们都可以绕测角台轴线转动并示其角位置。

（3）测量记录用的电子电路：计数器每探测到一个 X 射线光子，就产生一个电脉冲，经过电脉冲电路，最后显示出 X 射线的强度（单位时间内进入计数器的 X 射线光子数与光子能量的乘积）或 X 衍射线光子总数。

由于 X 射线衍射仪法较其他 X 射线分析方法有突出的优点，它可大大提高材料分析的工作效率及提高测量衍射强度的精确度，从而使这种仪器成为各研究实验室中比较普遍使用的大型仪器。对于做材料研究工作的科技人员来说是不可缺少的重要仪器。

29.2.2   利用 X 射线衍射仪摄取粉末衍射谱

粉末制样要求粉末粒度在毫米量级，粉末过细会使衍射线变宽。脆性物质直接用研钵研细，以获得适当的粒度；韧性材料如 Al、Cu 等金属，用钢锉下粉末，经过同样筛选，再在真空下退火处理，以消除机械加工造成的应力。将粉末放在 18mm×20mm 的凹槽片上压平，比较松散的粉末可滴洒少量酒精后压平。

将制备好的粉末试样放进衍射仪中，进行 X 射线衍射实验，摄取粉末衍射谱的每一衍射峰，确定峰位 2θ。如峰较锐，则采用顶峰法；如顶峰不明显，采用中点连线法，确定这种峰值还可用三点抛物线法等。

利用布拉格公式计算各衍射线相应的晶面间距 d：

$$2d\sin\theta = \lambda$$

式中，λ 为入射线波长，注意高角的衍射线一般应分开成为双峰，分别由标识谱的 $\lambda_{\alpha 1}$ 和 $\lambda_{\alpha 2}$ 的衍射造成，一般我们只选择 $\lambda_{\alpha 1}$ 衍射（双峰中较高者）作计算。在低角处由于分辨率低，低角线不分裂为双峰，我们采用 λ_{α} 的平均波长（$\frac{1}{2}\lambda_{\alpha 1} + \frac{1}{2}\lambda\alpha^2$）将各衍射线所计算出的面间距 d 值和它们的相对强度，及 θ、$\sin^2\theta$ 值列在一个表内。

29.2.3　物相分析

（1）确定衍射图谱中所有衍射线的峰位 2θ 值。

（2）以最强峰的强度为 100，确定其他各衍射线的相对强度（不需要精确）。

（3）由布拉格定律计算出各衍射晶面所对应的面间距 d。

（4）在前反射区（$2\theta < 90°$）选取三根强线，用来查索引。首先在数字索引中找到对应的 d_1（最强线面间距）组，再按次强线面间距 d_2 找到接近的几列，检查这几列数据中的第三强线 d_3 值是否与待测试样的数据对应，如果某一列或几列符合，从而确定出可能的物相及卡片号（如果是利用 8 条强线的索引，还可以直接对照 4~8 衍射线的 d 值是否一致）。

29.3　实验设备与材料

实验设备： X 射线衍射仪、真空退火炉、研钵、钢锉。

实验材料： 金属或无机矿物材料等。

29.4　实验内容及步骤

实验内容：

（1）了解 X 射线衍射仪的基本构造。

（2）学习 X 射线衍射仪的操作方法。

（3）采用粉末法获得 X 射线图谱，并进行物相定性分析。

实验步骤：

（1）学习和了解 X 射线衍射仪的基本构造。

（2）将制备好的粉末材料放入 X 射线衍射仪中，进行 X 射线衍射实验操作。

（3）针对获得的 X 射线衍射图谱，采用 29.2.3 节所述的方法和步骤进行物相分析。

29.5　实验报告要求

（1）简述实验目的、实验原理和实验方法。

（2）如实记录实验数据，分析实验结果并展开讨论。

思 考 题

（1）对食盐进行化学分析与物相定性分析，所得信息有何不同？

（2）简述应用字母索引进行物相鉴定的步骤。

实验 30　X 射线衍射仪测定淬火钢中残余奥氏体含量

30.1　实　验　目　的

掌握用 X 射线衍射仪法测定钢中残余奥氏体含量的实验技术。

30.2　实　验　原　理

利用 X 射线粉末衍射技术可以进行物相的定性分析，也可以进行物相的定量分析。物相的定量分析方法很多，有的需要标样，有的不需要标样，钢中残余奥氏体 X 射线测定是不用标样的方法，是通过直接对比一条马氏体衍射线和一条残余奥氏体衍射线的积分强度来进行定量分析的，因此也称为直接对比法。

当使用 X 射线衍射仪并配有晶体单色器时，多晶试样的衍射强度由下式决定：

$$I = I_0 \frac{\lambda^3}{32\pi r}\left(\frac{e^2}{mc^2}\right)^2 \frac{V}{V_c^2} P \mid F \mid^2 \varphi(\theta) \frac{1}{2\mu} e^{-2M} \tag{30-1}$$

30.2.1　试样制备

试样一般为块状，大约 20mm×20mm×5mm，根据所研究问题的需要对试样进行适当的热处理，用湿法机械抛光，最好再加以电解抛光。可选用 20Mn2TiB 钢渗碳层作为试样。

30.2.2　利用 X 射线衍射仪摄取衍射谱

此步骤在实验 29 中已进行。图 30-1 为用 CuK_α 辐射石墨单色器得到的衍射谱示意图（角度不连续）。

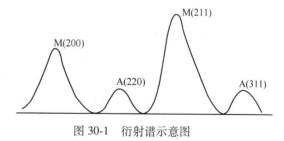

图 30-1　衍射谱示意图

30.2.3　对衍射谱线的指数进行标定

因为试样由已知的两相组成，即马氏体（M）和残余奥氏体（A），故可利用马氏体和残余奥氏体的已知数据来标定两相衍射线的指数。马氏体是 α-Fe 的立方晶格而稍为变形的结构，即呈四方结构。当马氏体碳含量不大时（低碳钢或经过回火的钢种，就是这样的结构），它的原属体心立方 α-Fe 的衍射线条如（200）等不分裂成双线，可用 α-Fe 衍射数据标定它的衍射线指数，如表 30-1 所示。

表 30-1 α-Fe 的 d 值数列

hkl	110	200	210	220
$d/\text{Å}$	2.03	1.43	1.17	1.01

注：1Å = 0.1nm。

当马氏体碳含量高时，衍射线分裂成双线，如原来的（200）分裂成（200），（020）和（002）三条衍射线，其他衍射线也一样，这是因为碳含量高时，由于 $\dfrac{c}{a}$ 增加使马氏体呈四方形结构，并有

$$\begin{cases} a = 2.866 - 0.11C_1 \\ c = 2.866 + 0.116C_1 \\ c/a = 1 + 0.044C_1 \end{cases} \tag{30-2}$$

式中，C_1 为碳含量，并且

$$d = \frac{a}{\sqrt{h^2 + k^2 + l^2 \left(\dfrac{a}{c}\right)^2}} \tag{30-3}$$

当马氏体衍射线分成双线时，用表 30-2 标定衍射线的指数。

表 30-2 马氏体的 d 值数列和碳含量的关系

hkl	碳含量（质量分数）/%								
	0	0.2	0.4	0.6	0.8	1.0	1.2	1.4	1.6
M（002）	1.433	1.444	1.455	1.466	1.478	1.489	1.501	1.512	1.524
M（020） M（200）	1.433	1.431	1.430	1.429	1.428	1.427	1.426	1.425	1.424
M（112）	1.170	1.175	1.181	1.192	1.203	1.209	1.215		
M（121） M（211）	1.170	1.170	1.171	1.172	1.173	1.173	1.174	1.175	

残余奥氏体为 γ-Fe 结构，即面心立方。它的晶格常数和面间距随碳含量的改变而改变，经过计算，得到表 30-3，可用来标定残余奥氏体衍射线的指数。

表 30-3 奥氏体 d 值数列和碳含量的关系

碳含量/%	$d/\text{Å}$				
	A(111)	A(200)	A(220)	A(311)	A(222)
0	2.056	1.783	1.260	1.073	1.028
0.1	2.059	1.784	1.261	1.075	1.030
0.2	2.061	1.785	1.262	1.077	1.031
0.3	2.063	1.787	1.264	1.078	1.032
0.4	2.065	1.789	1.265	1.079	1.033

续表30-3

碳含量/%	d/Å				
	A(111)	A(200)	A(220)	A(311)	A(222)
0.5	2.067	1.790	1.266	1.080	1.034
0.6	2.069	1.792	1.267	1.081	1.0345
0.7	2.071	1.793	1.268	1.082	1.035
0.8	2.073	1.795	1.269	1.083	1.036
0.9	2.075	1.797	1.270	1.084	1.037
1.0	2.077	1.799	1.272	1.085	1.038
1.1	2.079	1.800	1.273	1.086	1.039
1.2	2.080	1.802	1.274	1.087	1.040
1.3	2.082	1.803	1.275	1.088	1.041
1.4	2.084	1.805	1.276	1.089	1.042
1.5	2.086	1.807	1.277	1.090	1.043
1.6	2.088	1.808	1.279	1.091	1.044

注：1Å=0.1nm。

30.2.4 选取用来计算的衍射线对

一般选 M（211）和 A（311），或 M（200）和 A（220）作为测量线对较为合适。这两对线互相邻近，但又不重叠（或较少重叠），衍射强度较大。

在有一定经验时，可不必用衍射仪画出全谱，只需画出用于计算的一对线或两对线即可。

30.2.5 计算衍射本领 Q

对每个选定的衍射线要计算 Q

$$Q = \frac{1}{v^2} |F|^2 P \frac{1 + \cos^2 2\theta \cos^2 2\alpha}{\sin^2 \theta \cos \theta} e^{-2M} \tag{30-4}$$

需逐项计算式（30-4）中各项的值。

（1）$|F|^2$ 值的计算。

对于马氏体各衍射线：

$$|F_{hkl}|^2 = 4f_0^2 \tag{30-5}$$

对于残余奥氏体各衍射线：

$$|F_{hkl}|^2 = 16f_0^2 \tag{30-6}$$

其中，$f_0 = f - \Delta f$，f_0 为校正后的散射物质的原子散射因子，Δf 为当入射波长接近散射物质的 K 吸收限时的散射因子校正项，f 为校正前的原子散射因子。原子散射因子 f 是 $\frac{\sin\theta}{\lambda}$ 的函数，Δf 值依赖于 λ/λ_K 的值，λ 为使用的 X 射线波长，λ_K 为 Fe 的吸收限波长。

（2）$\dfrac{1}{v^2}$ 值的计算。

v 为晶胞体积，对于马氏体可近似按体心立方的 α – Fe 的晶胞体积计算，即 $a =$ 2.861Å（1Å = 0.1nm），则 $\dfrac{1}{v^2} = 1.83 \times 10^{-3} \text{Å}^{-6}$。对于残余奥氏体，当碳含量大时，晶格常数改变很大，因而按实验测量的 d_{hkl} 值利用下式得到 a：

$$a = d\sqrt{h^2 + k^2 + l^2} \tag{30-7}$$

则

$$\frac{1}{v^2} = \frac{1}{a^6} \tag{30-8}$$

（3）多重性因子 P 的计算。

残余奥氏体为面心立方结构，马氏体按体心立方结构分析，二者均可从附录 3 中查出各晶面的 P 的大小。

（4）角因子的计算。

$$\varphi(\theta) = \frac{1 + \cos^2 2\theta \cos^2 2\alpha}{\sin^2 \theta \cos \theta} \tag{30-9}$$

式中　θ ——面指数（ hkl ）晶面的布拉格角；

　　α ——石墨单色器的衍射角，这里采用 $2\alpha = 26.57°$。

（5）e^{-2M} 的计算。

其中

$$M = \frac{6h^2}{mk\Theta}\left(\frac{\varphi(x)}{x} + \frac{1}{4}\right)\frac{\sin^2\theta}{\lambda^2} = B\frac{\sin^2\theta}{\lambda^2} \tag{30-10}$$

30.2.6　计算衍射线的积分强度 I_{hkl}

衍射线的积分强度可采用以下几种方法来计算。

（1）自动测量法。在有些衍射仪上，衍射线的积分强度可由衍射仪带有的微处理机自动计算并打印出来。采取自动测量时，需对待测量的衍射线选取适当的实验条件，使每个衍射线的积分强度的值达到足够大的总计数值以减小误差。还需要选取合适的起始角和终止角，原则上在起始角和终止角处，衍射线的衍射强度下降到背底强度。衍射仪和微处理机配合，自动打印出扫描的角范围内计数管的总计数值和背底的计数值，并自动计算出两者之差（即净计数），即为衍射线的积分强度值。

（2）面积仪法。用面积仪测量出由衍射线形和背底围出的闭合曲线的面积，则此面积可代表衍射线积分强度的相对值。

（3）数格法。将上述的闭合曲线描在方格纸上，数出闭合曲线包围的格数（最小面积单元数）。数格法比较浪费时间，需仔细认真和耐心，但不需任何设备，所得结果也堪称满意。

（4）称重法。将上述闭合曲线描在透明纸上，剪下称重，其质量可代表衍射线的积分强度的相对值。

计算方法（2）、（3）、（4）的原理是一样的，所得结果虽然不如方法（1）精确，但对于有部分重叠的衍射线，可先用适当方法将重叠线分开，再计算强度，这是方法（1）不能做到的。

在有了选定的一对衍射线的 I_{hkl} 和 Q_{hkl} 后，由

$$\varphi(A) = \frac{I_A Q_M}{I_A Q_M + I_M Q_A} \tag{30-11}$$

立即求出 $\varphi(A)$，即残余奥氏体的体积分数。

最后有几个问题必须指出：

（1）如果在试样中存在择优取向，则会造成衍射线的强度与上面计算的衍射本领不一致，在这种情况下，只取一对线计算会造成很大误差，要尽可能多地选择不同的衍射线对，并对不同方向的表面进行上述的测量与计算，将所得结果平均起来。

（2）如果试样中除马氏体相和残余奥氏体相外还存在其他的相，如常常还出现碳化物相，则需要用其他方法确定出碳化物相的体积分数 $\varphi(C)$，然后将式（30-11）的结果乘以 $\varphi(C)$，得到的 $\varphi(A)$ 值才是残余奥氏体在试样中的体积分数。

另外，如果碳化物衍射线和待测衍射线条发生重叠时，要把重叠上去的碳化物衍射线强度扣除。扣除的方法可根据此碳化物衍射卡片中的相对强度值，由不重叠的碳化物线条的衍射强度推算出重叠衍射线的相对强度，然后从该被重叠的待测衍射线的积分强度中扣除此碳化物衍射线的散射强度。

30.3　实验设备与材料

实验设备：X 射线衍射仪。

实验材料：淬火 Ni–V 钢或含渗碳层的 20Mn2TiB 钢。

30.4　实验内容及步骤

实验内容：

分析 X 射线图谱，测定淬火钢中残余奥氏体含量。

实验步骤：

（1）试样制备。将淬火钢等制成大约 20mm×20mm×5mm 的块状试样，然后进行金相抛光和腐蚀处理，以得到平滑的无应变的表面。

（2）X 射线衍射实验。利用 X 射线衍射仪的 CuK_α 辐射石墨单色器进行扫描，得到 X 射线衍射图谱。

（3）衍射线对的选择。选择适宜的奥氏体衍射线条，避免不同相线条的重叠或过分接近。

（4）Q 值计算。在计算各根衍射线条的 Q 值时，应注意各个因子的含义。

30.5　实验报告要求

（1）简述实验目的、实验原理和实验方法。

（2）如实记录实验数据，分析实验结果并展开讨论。

思　考　题

用直接对比法进行物相定量分析的过程。

实验 31　扫描电子显微镜的基本结构与图像衬度观察

31. 1　实 验 目 的

（1）了解扫描电子显微镜的基本结构和工作原理。
（2）掌握扫描电子显微镜的图像衬度原理及其应用。

31. 2　实 验 原 理

31. 2. 1　扫描电子显微镜的基本结构

根据实物 JSM6480LV 介绍扫描电镜的基本结构，如图 31-1 所示。扫描电子显微镜可由电子光学系统（电子枪、聚光镜、扫描线圈、物镜和样品室）、信号收集系统（扫描系统、信号检测放大系统、图像显示和记录系统）、真空系统和电源及其控制系统组成。

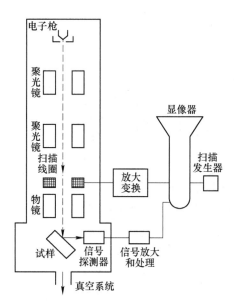

图 31-1　扫描电子显微镜的基本结构

31. 2. 2　扫描电子显微镜的工作原理

如图 31-2 所示，扫描电子显微镜利用细聚电子束在样品表面逐点扫描，与样品相互作用产生各种物理信号，这些信号经检测器接收、放大并转换成调制信号，最后在荧光屏上显示反映样品表面各种特征的图像。扫描电镜具有景深大、图像立体感强、放大倍数范围大连续可调、分辨率高、样品室空间大且样品制备简单等特点，是进行样品表面研究的有效分析工具。

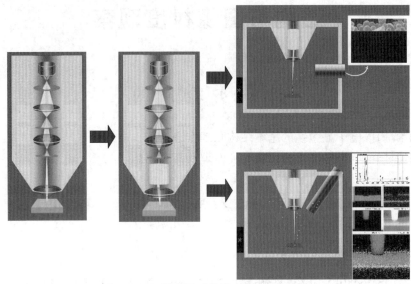

图 31-2   扫描电子显微镜工作原理示意图

31.2.3   电子束与样品交互作用区

电子经过一系列电磁透镜成束后，电子束轰击到样品表面与样品相互作用产生二次电子、背散射电子、俄歇电子以及 X 射线等物理信号，如图 31-3 所示。

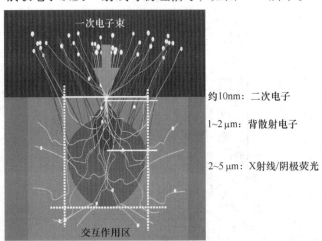

图 31-3   电子束与样品交互作用区

31.2.4   图像衬度原理

二次电子信号来自于样品表面层 5~10nm，信号强度与样品微区表面相对于入射束的倾角有关，倾角增大，二次电子的产额增多，因此，二次电子像适合于显示表面形貌衬度。扫描电镜图像表面形貌衬度几乎可以用于显示任何样品表面的超微信息，其应用已渗透到许多科学研究领域，表面形貌衬度在断口分析等方面有突出的优越性。

原子序数衬度是利用对样品表层微区原子序数或化学成分变化敏感的物理信号，如背散射电子等作为调制信号而形成的一种能反映微区化学成分差别的像衬度。实验证明，在实验条件相同的情况下，背散射电子信号的强度随原子序数增大而增大。在样品表层平均原子序数较大的区域，产生的背散射电子信号强度较高，背散射电子像中相应的区域显示较亮的衬度，而样品表层平均原子序数较小的区域则显示较暗的衬度。由此可见，背散射电子像中不同区域衬度的差别，实际上反映了样品相应不同区域平均原子序数的差异，据此可定性分析样品微区的化学成分分布。原子序数衬度适合于研究钢与合金的共晶组织，以及各种界面附近的元素扩散。

31.3　实验设备与材料

实验设备：扫描电子显微镜（厂家：日本电子株式会社，型号 JSM6480LV）。
实验材料：试样和导电胶。

31.4　实验内容及步骤

31.4.1　断口分析

（1）给定沿晶断口、韧窝断口及解理断口三种样品。
（2）通过扫描电镜二次电子形貌衬度观察，确定断口类型，并分析断裂原因。

31.4.2　Al-40%Cu 合金共晶组织分析

在原子序数小于 40 的范围内，背散射电子的产额对原子序数十分敏感。Al-Cu 相的原子序数大于初生铝的原子序数，在荧光屏上的图像较亮。
（1）选定 Al-40%Cu 合金作为测试样品，样品仅进行抛光而不腐蚀。
（2）对样品进行扫描电镜原子序数衬度观察，结合原子序数成像原理，对 Al-40%Cu 合金进行组织分析，标出初生相及 Al-Cu 共晶组织。

31.5　实验报告要求

（1）简述实验目的、实验原理和实验方法。
（2）如实记录实验数据，分析实验结果并展开讨论。

> 思　考　题

（1）写出扫描电镜放大倍率公式。
（2）简述扫描电镜二次电子像和背散射电子像的区别。

实验 32 扫描电子显微镜的能谱与微取向原理及应用

32.1 实验目的

（1）介绍能谱仪与微取向系统的工作原理，加深对扫描电子显微镜附件能谱仪与微取向系统的了解。

（2）通过对样品能谱成分分析和微取向分析，了解能谱和微取向的原理及其应用。

32.2 实验原理

32.2.1 电子束与样品交互作用区

电子经过一系列电磁透镜成束后，电子束轰击到样品表面与样品相互作用产生二次电子、背散射电子、俄歇电子以及 X 射线等物理信号，如图 31-3 所示。

32.2.2 能谱仪实验原理

X 射线能量色散分析方法是电子显微技术最基本和一直使用的、具有成分分析功能的方法，通常称为 X 射线能谱分析法，简称 EDS 或 EDX 方法。它是分析电子显微方法中最基本、最可靠、最重要的分析方法，一直被广泛使用。

32.2.2.1 特征 X 射线的产生

特征 X 射线的产生是入射电子使内层电子激发而产生的现象，即内壳层电子被轰击后跳到比费米能高的能级上，电子轨道内出现的空位被外壳层轨道的电子填入时，作为多余的能量放出的就是特征 X 射线。高能级的电子落入空位时，要遵从选择规则，只允许满足轨道量子数的变化的特定跃迁。特征 X 射线具有元素固有的能量，所以将它们展开成能谱后，根据它的能量值就可以确定元素的种类，而且根据谱的强度分析就可以确定其含量。另外，从空位在内壳层形成的激发状态变到基态的过程中，除产生 X 射线外，还放出俄歇电子。一般来说，随着原子序数增加，X 射线产生的几率增大，但是，与它相伴的俄歇电子的产生几率却减小。因此，在分析试样中的微量杂质元素时，EDS 对重元素的分析特别有效。

32.2.2.2 X 射线探测器的原理

在分析电子显微镜中均采用探测率高的 EDS。从试样产生的 X 射线通过测角台进入到探测器中。对于 EDS 使用的 X 射线探测器，一般都是用高纯单晶硅中掺杂有微量锂的半导体固体探测器（solid state detector，SSD）。SSD 是一种固体电离室，当 X 射线入射时，室中就产生与这个 X 射线能量成比例的电荷。这个电荷在场效应管（field effect transistor，FET）中聚集，产生一个波峰值比例和电荷量的脉冲电压。用多道脉冲高度分析器来测量波峰值和脉冲数，这样得到了横轴为 X 射线能量，纵轴为 X 射线光子数的谱图。为了使硅中的锂稳定和降低 FET 的热噪声，平时和测量时都必须用液氮冷却 EDS 探测器。

32.2.2.3　能谱分析的应用

能谱仪主要用于高分子、陶瓷、生物、矿物等无机或有机固体材料分析；金属材料的相分析、成分分析和夹杂物形态成分的鉴定；对材料表面微区成分进行定性、半定量分析；在材料表面做点、线、面分布分析。

32.2.3　电子背散射衍射的工作原理

微取向分析又称电子背散射衍射，简称 EBSD，它的主要特点是在保留扫描电子显微镜的常规特点的同时给出晶体学数据。

32.2.3.1　电子背散射衍射花样

在扫描电子显微镜中，电子束与样品（倾斜 70°）相互作用产生几种不同效应，其中之一就是在每一个晶体或晶粒内规则排列的晶格面上产生衍射。从晶面上产生的衍射组成"衍射花样"，可被看成是一张晶体中晶面间的角度关系图。图 32-1 是在单晶硅上获得的花样。

衍射花样包含晶体对称性的信息，而且，晶面和晶带轴间的夹角与晶系种类和晶体的晶格参数相对应，这些数据可用于 EBSD 相鉴定。对于已知相结构的样品，则衍射花样与微区晶体相对于宏观样品的取向直接对应。

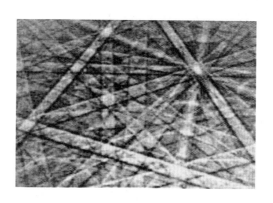

图 32-1　单晶硅的 EBSD 花样

32.2.3.2　微取向分析的应用

电子背散射衍射技术在材料微观组织结构及微织构表征中广泛应用。EBSD 的主要应用是取向和取向差异的测量、微织构分析、相鉴定、应变和真实晶粒尺寸的测量。

32.3　实验设备与材料

实验设备：扫描电子显微镜（厂家：日本电子株式会社，型号 JSM6480LV）、能谱仪及背散射衍射一体机（厂家：美国 EDAX 公司，型号 EDAX2040EDS）。

　　实验材料： 试样和导电胶。

32.4　实验内容及步骤

32.4.1　钢的夹杂物成分鉴定

　　（1）选取普碳钢作为样品，对其进行抛光腐蚀。

　　（2）利用扫描电子显微镜选取样品上的夹杂物并定位。

　　（3）利用能谱仪对夹杂物做定点分析，鉴定夹杂物成分。

32.4.2　取向硅钢磁性能分析

　　提高取向硅钢的磁性能主要靠提高取向硅钢中的高斯织构即 {110} <001>的取向度，即高斯织构的强度决定取向硅钢的磁性能，具体实验步骤如下：

　　（1）电解抛光制备取向硅钢样品。

　　（2）利用微取向系统采集取向硅钢样品取向信息。

　　（3）利用系统软件分析取向硅钢样品的 ODF 图，分析高斯织构的强度。

32.5　实验报告要求

　　（1）简述实验目的、实验原理和实验方法。

　　（2）如实记录实验数据，分析实验结果并展开讨论。

思 考 题

　　（1）简述能谱成分分析与电子探针成分分析的区别。

　　（2）简述扫描电镜微取向分析与 XRD 取向分析手段的区别。

实验 33　透射电镜工作原理及样品制备

33.1　实　验　目　的

（1）了解透射电镜的基本结构和工作原理。

（2）了解透射电镜的基本操作和主要部件的用途。

（3）初步掌握透射电镜样品的制备方法。

（4）了解透射电镜像的衬度理论。

33.2　实　验　原　理

33.2.1　TEM 基本结构

透射电子显微镜主要由电子光学部分、真空部分、电源部分三大部分组成，此外还有冷却循环部分以及附件等。其中电子光学部分又称镜筒，是透射电镜的主体，这部分从上到下依次又可分为照明系统、成像和放大系统、观察和记录系统。此外还有几个重要的光阑。

33.2.1.1　电子光学部分

（1）照明系统：由电子枪和聚光镜组成，其作用是为成像系统提供一个亮度高、尺寸小、高稳定的照明电子束。电子枪是电镜的照明源，由灯丝阴极、栅极（或称韦氏圆筒）和加速阳极组成。电子枪可分为热阴极电子枪和场发射电子枪。热阴极电子枪的材料主要是钨丝（W）和六硼化镧（LaB_6）；场发射电子枪可以分为热场发射、冷场发射。聚光镜的作用是将来自电子枪的电子汇聚到样品上，通过它来控制照明电子束斑大小、电流密度和孔径角。

（2）成像和放大系统：主要由物镜、中间镜和投影镜（或两个中间镜和两个投射镜构成 4~5 个透镜系统）及物镜光阑和选区光阑组成。它主要是将透过样品的电子束在透镜后成像或成衍射花样，并经过物镜、中间镜和投影镜接力放大。

电子图像的放大倍数为物镜、中间镜和投影镜的放大倍数之乘积，即

$$M = M_0 \times M_r \times M_p$$

物镜和投影镜的放大倍数固定，通过改变中间镜的放大倍数来调节电镜总放大倍数。

（3）像的观察和记录系统：在投影镜下面是像的观察和记录系统。观察装置包括荧光屏、小荧光屏、5~10 倍的光学放大镜，记录装置包括照相机（底片记录）、TV 相机（可做动态记录）和慢扫描 CCD（其最大特点是可以加工信息，缺点是速度慢且价格贵）。

透射电镜光路如图 33-1 所示。

33.2.1.2　真空部分

真空部分一般是由机械泵、油扩散泵、离子泵、阀门、真空测量仪、显示仪表和管道等部分组成。为保证电镜正常工作，要求电子光学系统处于真空状态下。电镜的真空度一般应保持在 $10^{-5}\mathrm{Torr}$（$1\mathrm{Torr}=133.3\mathrm{Pa}$）以上，这需要机械泵和油扩散泵两级串联才能得到保证。目前的透射电镜增加一个离子泵以提高真空度，真空度可高达 $133.322\times10^{-8}\mathrm{Pa}$ 或更高。如果真空度不够，就会出现下列问题：

（1）高压加不上去。

（2）成像衬度变差：高速电子与气体分子相互作用导致电子散射，引起炫光和减低像衬度。

（3）极间放电：电子枪会发生电离和放电，使电子束不稳定。

（4）使灯丝迅速氧化，缩短寿命：残余气体会腐蚀灯丝，缩短其寿命且会严重污染样品。

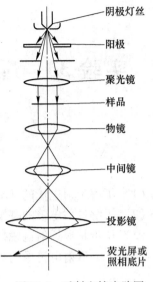

图 33-1　透射电镜光路图

33.2.1.3　电源部分

电源部分一般由高压电源、透镜电源、真空电源、辅助电源、安全系统、总调压变压器等组成。

透射电镜需要两部分电源：一是供给电子枪加速电子用的小电流高电压部分，二是供给电磁透镜激磁用的低电压大电流的稳流部分。

33.2.1.4　冷却循环部分

冷却循环部分保证电镜在正常工作时不会因为镜筒中大功率发热元件的发热造成过热而发生故障。

33.2.2　透射电镜（TEM）的工作原理

透射电镜是以波长极短的电子束作为照明源，用电磁透镜对透射电子聚焦成像的一种具有高分辨本领、高放大倍数的电子光学仪器。其特点是利用从样品的下表面透射过来的电子束成像。由于电子波的波长远远小于可见光的波长（200kV 的电子波的波长为 0.0025nm，而紫光的波长为 400nm），根据光学理论，可以预期透射电子显微镜的分辨本领大大优于光学显微镜。事实上，现代电子显微镜的分辨本领已经可达 0.1nm。作为具有高分辨率的电子光学显微镜，透射电镜已经成为材料科学研究的重要手段。在材料科学领域，透射电镜主要用于材料微区的组织形貌观察、晶体缺陷分析和晶体结构测定，能提供极微细材料的组织结构、晶体结构和化学成分等方面的信息。

33.3　实验设备与材料

实验设备：透射电子显微镜（厂家：日本电子株式会社；型号：JEM-2100）。

实验材料：金属薄膜和粉末试样。

33.4　实验内容及步骤

（1）透射电镜的基本操作。

1）抽真空。

2）加电子枪高压。按操作手册规定步骤，由低至高给电子枪加高压，直至所需值。

3）安装样品。

4）加灯丝电流并使电子束对中。

5）图像观察。用样品平移传动装置把样品座调到观察位置，即可进行图像观察。首先在低倍下观察，选择感兴趣的视场，并将其移到荧光屏中心，然后调节中间镜电流确定放大倍数，调节物镜电流使荧光屏上的图像聚焦至最清晰。

6）照相记录。使用底片或 CCD 相机进行拍照记录。

7）关机。顺序地关断灯丝电源，关断高压、镜筒内的电源，关断抽真空开关，约30min 后关断总电源和冷却水。

（2）熟悉亮度旋钮、放大倍数旋钮和聚焦旋钮的位置及作用效果。

（3）样品的制备。对于 TEM 常用的 50～200kV 电子束，样品厚度需控制在 50～200nm，金属样品经电解双喷，粉末样品经铜网承载，装入样品台，放入样品室进行观察。

1）薄膜样品的制备。对于金属样品，机械切割→手工磨光→冲样→预减薄→最终减薄。其中，机械切割：确定取样部位和试样大小，将样品切成厚度为 100～200μm 的薄片；手工磨光：金属试样机械切割后，表面都很粗糙且具有严重的变形层，故需要用不同粒度的金相砂纸逐步磨光。冲样：金属材料韧性比较好，可在冲样机上冲出直径为 3mm 的小圆片。最终减薄：一般采用双喷或者离子减薄。

2）粉末样品的制备。粉末样品多采用支持膜法。将试样载在支持膜上，再用铜网承载。

支持膜上的粉末试样要求高度分散，可根据不同情况选用分散方法：

① 悬浮法：超声波分散器将粉末试样在与其不发生作用的溶液中分散成悬浮液，滴在支持膜上，干后即可。

② 散布法：直接撒在支持膜表面，叩击去掉多余粉末试样，剩下的就分散在支持膜上。

3）复型样品的制备。样品通过表面复型技术获得。所谓复型技术就是把样品表面的显微组织浮雕复制到一种很薄的膜上，然后把复制膜（称为"复型"）放到透射电镜中观察分析。

（4）结合金属薄膜样品和粉体样品了解透射电镜像衬度的几种形式。

质厚衬度：由于样品不同部位的密度和厚度不同（其他都相同），同样强度的电子束打到该样品后，密度或厚度高的区域透过去的电子束弱于低的区域，于是荧光屏上的效果是密度高的区域暗，密度低的区域亮，这就形成了衬度。一般来说，第二相和粉体样品的形貌观察利用的即是质厚衬度。

衍衬衬度：由于样品上不同的部位产生电子衍射的情况不同（其他都相同），同样强度的电子束打到该样品后，产生强衍射的区域透过去的电子束弱于产生弱衍射的区域，于是荧光屏上的效果是产生强衍射的区域暗，弱衍射的区域亮。利用衍射因素，加上电子衍射花样，可以对材料中的许多内容进行研究，如晶像衬度是图像上不同区域间明暗程度的差别。正是由于图像上不同区域间存在明暗程度的差别即衬度的存在，才使得我们能观察到各种具体的图像。透射电镜的像衬度与所研究的样品材料自身的组织结构、所采用的成像操作方式和成像条件有关。只有了解像衬度的形成机理，才能对各种具体的图像给予正确解释，这是进行材料电子显微分析的前提。

此外，还有一种相位衬度，是让一束以上的电子通过物镜后焦面进而到达像平面成像的一种模式，又称为高分辨模式。

33.5 实验报告要求

（1）简述实验目的、实验原理和实验方法。

（2）针对所观察的金属薄膜试样或粉末试样图像，使用像衬度理论进行解释。

思 考 题

分析金属薄膜样品中晶界、位错及第二相像的衬度形成机制。

实验 34　原子力显微镜及其应用

34.1　实　验　目　的

（1）了解原子力显微镜的构造及工作原理。
（2）掌握原子力显微镜图像处理步骤。
（3）掌握薄膜的表面形貌分析方法。
（4）掌握薄膜的颗粒度和粗糙度分析方法。

34.2　实　验　原　理

原子力显微镜是以针尖与样品之间的原子之间的范德华力（Van Der Waals force）作用来呈现样品表面特性，范德华力属于原子级力场作用力，所以被称为原子力显微镜。其工作原理就是将探针装在一弹性微悬臂的一端，微悬臂的另一端固定，当探针在样品表面扫描时，探针与样品表面原子间的排斥力、吸引力会使得微悬臂轻微变形，这样微悬臂的轻微变形就可以作为探针和样品间力的直接量度。一束激光经微悬臂的背面反射到光电检测器，可以精确测量微悬臂的微小变形，这样就实现了通过检测样品与探针之间的原子排斥力或吸引力来反映样品表面形貌和其他表面结构。

34.2.1　原子力显微镜构造

在原子力显微镜（atomic force microscopy，AFM）系统中，可分成三个部分：力检测部分、位置检测部分和反馈系统，如图 34-1 所示。各部分主要作用简介如下。

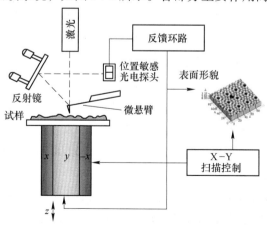

图 34-1　原子力显微镜构造示意图

34.2.1.1　力检测部分

在原子力显微镜（AFM）系统中，所要检测的力是原子与原子之间的范德华力，所以在本系统中使用微小悬臂（cantilever）来检测原子之间力的变化量。微悬臂通常由一个一般 $100 \sim 500 \mu m$ 长和大约 $500nm \sim 5\mu m$ 厚的硅片或氮化硅片制成。微悬臂顶端有一个尖锐针尖，用来检测样品-针尖间的相互作用力，如图 34-2 所示。这种微小悬臂有一定的规格，例如：长度、宽度、弹性系数以及针尖的形状。依照样品的特性以及操作模式的不同，选择不同类型的规格。

图 34-2　AFM 悬臂

34.2.1.2　位置检测部分及信号反馈

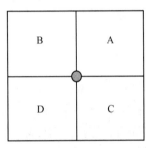

图 34-3　激光位置监测器

在原子力显微镜（AFM）系统中，当针尖与样品之间有了交互作用之后，会使得悬臂（cantilever）摆动，所以当激光照射在微悬臂的末端时，其反射光的位置也会因为悬臂摆动而有所改变，这就造成偏移量的产生。在整个系统中是依靠激光光斑位置检测器将偏移量记录下来并转换成电信号，以供 SPM 控制器作信号处理。聚焦在微悬臂上面的激光反射到激光位置检测器，通过对落在检测器四个象限的光强进行计算，可以得到由于表面形貌引起的微悬臂形变量大小，从而得到样品表面的不同信息，如图 34-3 所示。

在原子力显微镜（AFM）系统中，信号经激光检测器取入之后，在反馈系统中会将此信号当做反馈信号，作为内部的调整信号，并驱使扫描器做适当的移动，以使样品与针尖保持一定的作用力。

34.2.2　原子力显微镜的工作模式

原子力显微镜可同时记录除形貌外的其他多种信号，如横向力、振幅、相位、电流等，它可以在大气、真空、溶液等环境中工作。原子力显微镜的工作模式是以针尖与样品之间的作用力的形式来分类的，主要有以下 3 种操作模式：接触模式（contact mode）、非接触模式（non-contact mode）和敲击模式（tapping mode）。

34.2.2.1　接触模式

从概念上来理解，接触模式是 AFM 最直接的成像模式。AFM 在整个扫描成像过程中，探针针尖始终与样品表面保持亲密的接触，而相互作用力是排斥力。扫描时，微悬臂施加在针尖上的力有可能破坏试样的表面结构，因此力的大小范围在 $10^{-10} \sim 10^{-6}N$ 之间。

34.2.2.2　非接触模式

非接触模式探测试样表面时微悬臂在距试样表面上方 $5 \sim 10nm$ 处振荡。这时，样品与针尖之间的相互作用由范德华力控制，通常为 $10^{-12}N$，样品不会被破坏，而且针尖也不会被污染，特别适合于研究柔嫩物体的表面。

34.2.2.3　敲击模式

敲击模式介于接触模式和非接触模式之间，是一个杂化的概念。微悬臂在试样表面上方以其共振频率振荡，针尖仅仅是周期性地短暂地接触/敲击样品表面，这就意味着针尖接触样品时所产生的侧向力被明显地减小了。因此当检测柔嫩的样品时，AFM 的敲击模式是最好的选择之一。一旦 AFM 开始对样品进行成像扫描，装置随即将有关数据输入系统，如表面粗糙度、平均高度、峰谷峰顶之间的最大距离等，用于物体表面分析。同时，AFM 还可以完成力的测量工作，根据测量微悬臂的弯曲程度来确定针尖与样品之间的作用力大小。

34.3　实 验 设 备

实验设备：设备型号 本原 5500CSPM。

34.4　实验内容与步骤

实验内容：

（1）观察在玻璃基体上采用磁控溅射技术制备的 ZnO 薄膜形貌。

（2）分析薄膜的颗粒度和粗糙度。

实验步骤：

（1）AFM 接触模式。

1）进入 SPM Console 软件。

2）放入适当扫描范围的扫描器。

3）将接触模式的探针装入 AFM 探针架中，并将探针架插入探头内。

4）放入样品。

5）打开控制机箱电源，选择"接触"模式，并打开激光。

6）调节激光器的位置，使激光落在探针针尖的背面。

7）通过软件中光斑窗口，调节探测器的位置，使光斑落在中间的圆圈中。

8）设置参考点，一般 0.2 ~ 0.5 即可。

9）自动进针至 Z 电压<160V，单步前进或后退到 Z 电压为 0 V 左右（-20V ~ 20V）。

10）开始扫描。

11）打开形貌窗口，调节信号放大，使示波器上的信号处于中间并且不超过可测量的范围。

12）调节积分增益（一般设为 200）、比例增益（一般设为 200）和参考增益（一般设为 0），使示波器上的信号最灵敏而且不出现自激噪声。

13）选择适当的扫描频率（1~2Hz）。

14）根据示波器上的信号选择低通滤波的水平。

15）打开探针起伏窗口（信号为探针的变形量，反映了探针-样品之间的作用力）和摩擦窗口（信号为横向力），参考调节形貌窗口的方法，调节所得的扫描信号。

16）扫描结束后，保存在缓冲区中的结果。

17）退针。

（2）AFM 轻敲模式。

1）进入 SPM Console 软件。

2）将轻敲模式的探针（Tap300Al 或 NSC21/AlBS 或 NSC11/AlBS）装入 AFM 探针架中，并将探针架插入探头内。

3）放入适当扫描范围的扫描器。

4）放入样品。

5）打开控制机箱电源，选择"轻敲模式"，并打开激光。

6）调节激光器的位置，使激光落在探针针尖的背面。

7）通过软件中光斑窗口，调节探测器的位置，使光斑落在中间的圆圈中。

8）打开"频率设置"窗口，进行探针共振频率的设定。

9）设置探针振动频率，将红色的游标放在略低于共振峰的曲线较直部分。

10）设置参考点，在最大共振振幅的 50%~70% 而且频率曲线较直的部分（一般可设为软件振幅栏显示值的 70%）。

11）自动进针至 Z 电压<160V，单步前进或后退到 Z 电压为 0V 左右（-20V~20V）。

12）开始扫描。

13）打开形貌窗口，调节信号放大，使示波器上的信号处于中间并且不超过可测量的范围。

14）调节积分增益（一般设 200）、比例增益（一般设为 200）和参考增益（一般设为 0），使示波器上的信号最灵敏而且不出现自激噪声。

15）选择适当的扫描频率（1~2Hz）。

16）根据示波器上的信号选择低通滤波的水平。

17）打开振幅窗口（信号为探针微悬臂振幅的变化量）和相移窗口（信号为相位移phase），参考调节形貌窗口的方法，调节所得的扫描信号。

18）扫描结束后，保存在缓冲区中的结果。

19）退针。

34.5　实验报告要求

（1）简述实验目的、实验原理和实验方法。

（2）分析薄膜样品的表面形貌、颗粒度和粗糙度。

思 考 题

（1）原子力显微镜有哪些特点？

（2）测试样品需要具备怎样的条件？

（3）对于不同样品，如何选择扫描模式？

实验 35　超声波测试试件内部缺陷

35.1　实　验　目　的

（1）掌握超声波测试仪的基本使用方法。

（2）掌握用超声波检测试件内部缺陷的原理，能够找到缺陷的位置，并计算出缺陷的尺寸。

35.2　实　验　原　理

超声波是频率高于20000Hz的声波，它方向性好，穿透能力强，易于获得较集中的声能，在水中传播距离远，可用于测距、测速、清洗、焊接、碎石、杀菌消毒等。超声振动在介质中的传播，其实质是以波动形式在弹性介质中传播的机械振动。

超声波检测是使超声波与被检工件相互作用，根据超声波的反射、透射和散射行为，对被检工件进行缺陷检测、几何特性测量、组织结构和力学性能变化的检测和表征，并进而对其应用性进行评价的一种无损检测技术，广泛应用于工业（探伤、厚度和距离测量、流量和密度测量、清洗、超声焊接）、医疗器械以及海洋探测等领域。

超声波检测的方法很多，各种方法也不尽相同，但在测试条件，耦合与补偿，仪器调节，缺陷的定位、定量、定性等方面有一些通用的技术，掌握这些通用技术对发现缺陷并正确评价是很重要的。

根据检测原理，可将超声波检测分为脉冲回波法、穿透法和共振法三种。本实验采用穿透法进行测量，它是根据脉冲波或连续波穿透工件之后的能量变化判断缺陷情况的一种方法，如图35-1所示。穿透法常采用两个探头，一个用于发射，一个用于接收，分别放置在试块两侧进行测试。若试块内部没有缺陷，各测试点之间的波形大小及传输时间应基本一致，且波形衰减小（即首波的波幅大）；若内部存在缺陷，则各测试点之间的首波波幅及传输时间存在明显差异，且超声波的衰减较大（首波的波幅较小），传输时间长。

穿透法的特点如下：

（1）探测灵敏度比脉冲法低，不能发现小缺陷。

（2）根据能量的变化即可判断有无缺陷，但不适合定位。

（3）适宜探测超声波衰减大的材料。

（4）可避免盲区，适宜探测薄板。

（5）指示简单，便于自动探伤。

（6）对两探头的相对距离和位置要求较高。

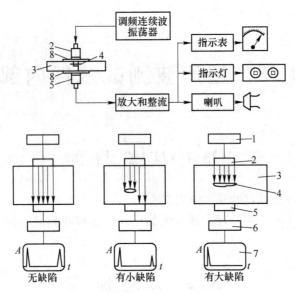

图 35-1   超声波脉冲穿透法示意图

1—发射电路；2—发射探头；3—试块；4—缺陷；5—接收探头；6—放大电路；7—示波器；8—耦合剂

35.3   实验设备与材料

实验设备： CTS-25 型非金属超声波检测仪。

实验材料： 被测试块、耦合剂（黄油或凡士林）、游标卡尺等。

35.4   实验内容及步骤

本实验采用穿透法对试样的内部缺陷进行检测，找到缺陷的位置，并计算出缺陷的尺寸。

测试步骤如下：

（1）超声波传输距离的测量。用卡尺测量试块两个相对测试面的距离，该距离即为传输距离。

（2）传输时间的测量。将超声波探头通过黄油耦合，紧贴在已知厚度为 S（厚度可用卡尺测定）的被测试样上下断面，将发射电压置于 200V 上，增益调至 2，计数开关放到手动挡，调节"粗调"、"细调"、"微调"旋钮，使光标移动到接受波的起始处，若系统已调零，则读取显示器的数值，此数值即为超声波在试块中的传输时间 t_1。

若仪器没有调零，则需将两探头直接通过耦合剂相对紧贴，用光标读出接受首波的时间 t_0，此时，超声波在被测试块中的传播时间为 $\Delta t = t_1 - t_0$。

（3）传输波形的测量。首波波幅反映超声波衰减情况。首波波幅的测量实际上是用某种指标来度量接收首波的高度，将它作为平行比较各测点声波信号强弱的一种相对指标。目前采用以下两种测量方法：

1）直读法。直接以超声波仪示波器上的水平刻度线来度量首波高度。具体操作是将仪器发射电压和衰减器固定在某一预定刻度，将增益旋钮调至最小，此时示波器上仅见一条水平扫描线。调节"上下"旋钮，使扫描线上下移动至示波器上某一水平刻度线处，然后将增益开大并调在某一预定刻度不变，读取首波波谷（或波峰）距水平刻线的高度，以此高度作为度量各测点幅值大小的相对指标。该方法也称为定增益法。

2）衰减器法。将仪器发射电压接收增益固定于预定刻度，用仪器上所附的衰减器将首波的高度衰减至某一预定高度，再从衰减器上读取 dB 值，以此作为首波波幅的指标。该方法也称为定波幅法。

（4）确定试块缺陷的位置及大小。选取一块内部有空洞的试块，将超声波仪的发射和接收探头分别放置在试块的相对面上，两测点要求基本在同一轴线上，共做 9 对测点，如图 35-2 所示，测量的传输时间、波幅、增益、衰减值记录于表 35-1 中。

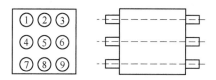

图 35-2　超声波检测试块内部缺陷测点分布示意图

表 35-1　超声波检测试块内部空洞测试记录表

测　点	测距 l/mm	t_0/μs	波幅/格	增　益	衰减/dB
1					
2					
3					
4					
5					
6					
7					
8					
9					

比较 9 对测点的传输时间、波形衰减值情况。当传输时间较短、波形衰减较小时，说明在该对测点的连线上没有空洞；当传输时间较长、波形衰减较大时，说明在该对测点的连线上有空洞存在。传输时间越长、波形衰减越大，该测点的连线越接近空洞中心，反之在空洞边缘。根据传输时间长短及波形的衰减情况，可确定空洞的位置。

空洞的大小可通过下式计算：

$$r = \frac{1}{2}\sqrt{\left(\frac{t_\mathrm{h}}{m_\mathrm{ta}}\right)^2 - l}$$

式中　r——空洞半径，mm；

l——T、R 换能器之间的距离，mm；

t_h——缺陷处的最大声时值，μs；

m_ta——无缺陷区的平均声时值，μs。

35.5　实验报告要求

（1）简述实验目的、实验原理和实验方法。

（2）如实记录实验数据，分析实验结果并展开讨论。

思 考 题

（1）为什么超声波能够检测试块内部的缺陷？

（2）超声波检测试块内部空洞的主要测试指标有哪些，如何根据这些指标判断其位置？

（3）简述超声波检测的其他方法及测试试块浅裂纹深度的主要步骤和测试指标。

（4）超声波检测的用途有哪些？

实验 36 内耗测量及在时效研究中的应用

36.1 实 验 目 的

（1）了解金属内耗产生的机理和测量方法。
（2）掌握内耗法分析晶体缺陷的理论基础。
（3）掌握内耗峰的判断与分析。

36.2 实 验 原 理

36.2.1 内耗的概念

一个固体材料即使是在真空中做弹性振动，它的振幅也会逐渐衰减，最后停止下来，这说明振动逐渐地被消耗掉了。固体材料这种内在的能量损耗称为内耗。内耗变化的最大值称为内耗峰。

从产生内耗的原因来看，固体材料中的内耗可分为三种类型：滞弹性内耗、静滞后内耗和位错阻尼型内耗。

对于理想弹性体，应力与应变总是同相的，做周期性振动时，在应力-应变图上为一直线，没有不可逆的能量消耗。对于具有滞弹性的物体，在做周期性振动时，由于应变落后于应力，应变与应力之间将出现位相差（即相位差）。如果振动为正弦波形，应力与应变随时间的变化可以表示为图 36-1 所示的形式。图中 φ 是应变落后于应力的角度，ω 为角速度。位相差的存在使应力-应变曲线形成封闭回线的形状，如图 36-2 所示。回线所包围的面积等于振动一周损失的能量。由此可见，内耗是物体在周期振动时应变落后于应力造成的结果。

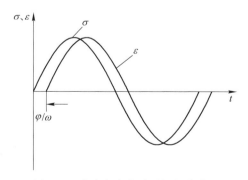

图 36-1 应力与应变随时间的变化

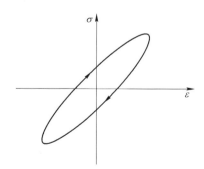

图 36-2 位相差引起的应力-应变回线

36. 2. 2 内耗的度量

36. 2. 2. 1 能量衰减率 $\dfrac{\Delta W}{W}$

内耗的基本度量是能量衰减率 $\dfrac{\Delta W}{W}$，其中 W 是振动一周的最大振动能，ΔW 是每周的振动能损耗。

$$\Delta W = \oint \sigma \, d\varepsilon$$

$$\sigma = \sigma_0 \sin \omega t$$

$$\varepsilon = \varepsilon_0 \sin(\omega t - \varphi)$$

$$\frac{\Delta W}{W} = \frac{\pi \sigma_0 \varepsilon_0 \sin \varphi}{\dfrac{1}{2} \sigma_0 \varepsilon_0} = 2\pi \sin \varphi \approx 2\pi\varphi \tag{36-1}$$

可见，φ 越大时内耗越大，φ 是内耗大小的一种度量。在工程上，$\dfrac{\Delta W}{W}$ 也称为消振能力。

36. 2. 2. 2 振幅对数衰减率 δ

自由振动的物体，由于内耗损失了振动能，振幅会逐渐衰减，如图 36-3 所示。相邻两次振幅比值的自然对数 $\ln(A_n / A_{n+1})$ 称为振幅对数衰减率，以 δ 表示，δ 也是内耗大小的一种度量。

$$\begin{aligned}
\delta &= \ln \frac{A_n}{A_{n+1}} \\
&= \ln\left(1 + \frac{A_n - A_{n+1}}{A_{n+1}}\right) \\
&\approx \frac{A_n - A_{n+1}}{A_{n+1}}
\end{aligned} \tag{36-2}$$

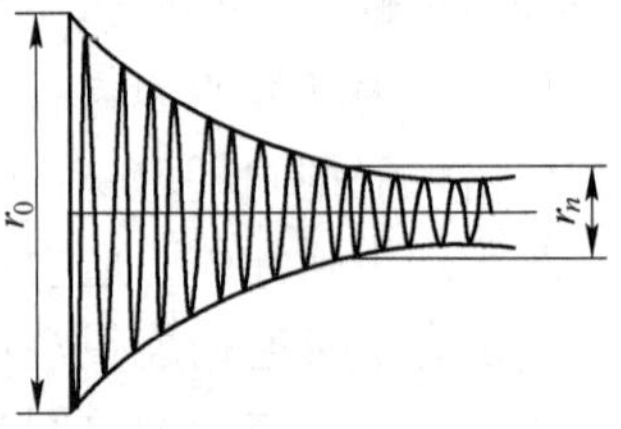

图 36-3 振动衰减

根据振动理论，振动能量与振幅平方成正比，故

$$\frac{\Delta W}{W} = \frac{A_n^2 - A_{n+1}^2}{A_{n+1}^2} = \frac{(A_n + A_{n+1})(A_n - A_{n+1})}{A_{n+1}^2} \approx \frac{2(A_n - A_{n+1})}{A_{n+1}} = 2\delta$$

$$\delta = \frac{1}{2} \frac{\Delta W}{W}$$

又 $\dfrac{\Delta W}{W} = 2\pi\varphi$，故

$$\delta = \frac{1}{2}(2\pi\varphi) = \pi\varphi \tag{36-3}$$

36. 2. 3 内耗的相关参量

36. 2. 3. 1 弛豫时间

物体加载后任一时刻的应变为：

$$\varepsilon = \varepsilon' + \varepsilon'' - \varepsilon'' \exp\left(-\frac{t}{\tau}\right) \tag{36-4}$$

即施加应力后除瞬时应变 ε' 外，另一部分应变 ε'' 随时间的延续逐步发生，为了区别各种物体的滞弹性效应，取 τ 为过程的弛豫时间。即当 $t=\tau$ 时，依赖于时间的那部分应变将为平衡值 ε'' 的 $(1-1/e)$ 倍。可见弛豫时间标志着应变落后于应力的程度。

若弛豫过程是物体受到应力作用后，从一个平衡状态向另一个平衡状态的转变，而此转变是通过原子的移动和重新排列来进行的，则弛豫时间应与温度有关，并服从 Arrhenius 关系：

$$\tau = \tau_0 e^{\frac{\Delta H}{RT}} \tag{36-5}$$

式中　τ——弛豫时间；

τ_0——常数；

ΔH——弛豫过程的激活能；

R——气体常数；

T——绝对温度。

可见弛豫时间随温度迅速变化，温度越高，弛豫时间越短。

36.2.3.2　内耗峰

在周期振动中，决定应变与应力位相差的除弛豫时间外，频率也是一个因素。在一定温度下，内耗 φ 与频率 ω、弛豫时间 τ 有以下关系：

$$\phi = A\frac{\omega\tau}{1 + (\omega\tau)^2} \tag{36-6}$$

式中，A 为弛豫强度，$A = \dfrac{E_u - E_R}{\sqrt{E_u E_R}}$。其中，$E_u$ 为相应于瞬时应变的弹性模量，E_R 为相应于应变达到平衡值的弹性模量。

由上述关系式可知，当 $\omega\tau \ll 1$ 时，$\varphi \to 0$；或当 $\omega\tau \gg 1$ 时，$\varphi \to 0$；只有当 $\omega\tau = 1$ 时，内耗达到最大值，这就是内耗峰。在一定温度下内耗随频率变化的曲线如图 36-4 所示。

在测量内耗时改变频率比较困难，所以往往固定频率 ω 而改变温度 T，即根据式 (36-5)，通过改变温度 T 来改变弛豫时间 τ，也可以得到图 36-5 所示的内耗曲线，这样得到的内耗峰称为温度内耗峰，一般说的内耗峰都指温度内耗峰。

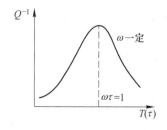

图 36-4　内耗随频率变化曲线

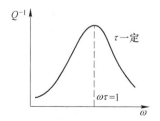

图 36-5　内耗随温度变化曲线

36. 2. 3. 3　激活能

内耗可因固体中的不同物理过程所引起，每一过程有它自己特有的弛豫时间。显然，在两个不同的频率下（ω_1 及 ω_2），同一物理过程所对应的内耗峰的温度将不同（T_1 及 T_2），由于峰值处有 $\omega_1 \tau_1 = \omega_2 \tau_2 = 1$ 的关系，根据式（36-5），可得

$$\ln \frac{\omega_2}{\omega_1} = \frac{\Delta H}{R} \left(\frac{1}{T_1} - \frac{1}{T_2} \right) \tag{36-7}$$

36. 2. 4　内耗的测量方法

内耗的测量方法包括扭摆法（低频）、共振法（中频）和超声脉冲法（高频）。通常采用前两种方法，特别是扭摆法用得最多。

中国科学院固体物理研究所研制的多功能内耗仪主体结构是倒扭摆装置，其装置如图 36-6 所示，包括的主要部件有扭摆主体、光源、光电转换器、温控仪、计算机等。

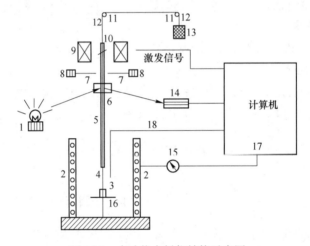

图 36-6　多功能内耗仪结构示意图

1—光源；2—加热炉；3—下夹头；4—试样；5—竖摆杆；6—反射镜；7—横摆杆；8—横摆杆摆锤；
9—驱动线圈；10—永磁体；11—滑轮；12—悬丝；13—配重；14—光电池；15—温控系统；
16—下底座；17—计算机；18—热电偶（7 和 8 仅用于自由衰减测量模式）

内耗测量时，超低频信号发生器发出的一个正弦波信号，经过放大后送至驱动线圈 9，驱动线圈产生一个交变的电磁力矩，作用于摆杆上方的永磁体 10。该力矩通过摆杆 5 使得试样 4 按正弦波规律发生扭转运动。反射镜 6 将该扭转振动信号传送给光电位移转换器 14，光信号被转换为电信号，经过放大后，摆杆的扭转振动信号被送入相位计。在相位计中，摆杆扭转的正弦信号与信号发生器产生的激发正弦信号进行比较，可以得到这两个信号的相角差 φ。在用强迫振动模式测量内耗时，如果周期性外力的圆周频率 ω 远小于系统的共振频率 ω_r，则试样的内耗值近似等于 $\tan\varphi$。

在自由衰减模式下，由计算机发出命令，使样品扭转至设定的最大振幅处，然后由样品做自由衰减运动。在内耗与振幅无关的条件下，可以使用多个振动的振幅计算 δ 值，即利用式（36-8）计算 δ 值（A_n 和 A_{n+m} 分别是第 n 个和第 $n+m$ 个周期的振动振幅）。

$$\delta = \frac{1}{m}\ln\frac{A_n}{A_{n+m}} \qquad (36\text{-}8)$$

$$Q_A^{-1} \approx \frac{\delta}{\pi} \qquad (\delta \ll 1 \text{ 时}) \qquad (36\text{-}9)$$

这样，由试样的自由衰减曲线，根据内耗的计算公式（式（36-8）），便可以得到试样的内耗值。自由衰减测量内耗模式一般用于测量内耗值较小的试样。在实际测量中，当 $\delta \ll 1$ 时，可以忽略 δ 的二次项和高次项，得到近似的内耗 Q_A^{-1} 表达式（式（36-9））。

36.2.5　内耗法进行晶体缺陷分析的理论基础

36.2.5.1　固溶体中由间隙原子扩散造成的内耗

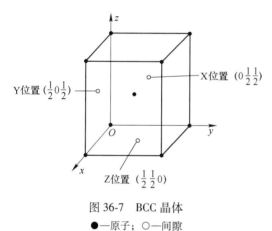

图 36-7　BCC 晶体
●—原子；○—间隙

以碳原子固溶 α-Fe（BCC）形成铁素体为例。如图 36-7 所示，BCC 晶体中，间隙原子在点阵中产生的畸变不是球形对称的，处于 X 位置上的间隙原子，在 [100] 方向上造成的畸变比其他两个方向大。如间隙原子处在 Y 位置，y 方向畸变大；如处在 Z 位置，z 方向畸变大。在无外应力情况下，碳原子均匀分布在 BCC 晶体中的八面体间隙，沿晶体三个方向的 x、y、z 间隙出现的几率大致相等，呈无序分布。若晶体在 [100] 方向受到拉应力的作用，则处于该方向的间隙 X 位置上的碳原子产生的畸变能就比其他两个方向要低。为适应新的条件，间隙 Y、Z 位置的碳原子将会逐步转移到 [100] 方向的间隙位置上来，造成溶质原子的有序分布，从而产生了沿 [100] 方向的附加应变，这就出现了滞弹性现象，由此而产生的内耗称为史诺克（Snoek）内耗。由这种现象产生的内耗峰称为 Snoek 峰。

在 α-Fe 中，应力诱发碳、氮等间隙原子微扩散（有序）而引起的弛豫由 Snoek 在 20 世纪 40 年代初首先发现，并给予解释，故称为 Snoek 弛豫。Snoek 峰的应用有两个方面，一方面可通过内耗峰温随频率的变化，根据 Arrhenius 关系，求出 C 或 N 原子的扩散激活能和扩散系数；另一方面利用峰高（弛豫强度）与浓度的正比关系，估计合金中间隙原子的含量，也可以通过对样品进行不同热处理后的内耗测量，判断合金中 C、N 原子的存在状态。

对于间隙原子 C、N 引起的内耗峰，峰高 Q_{max}^{-1} 与 $x(C)$ 有如下关系：

$$Q_{max}^{-1} = Ax(C) \qquad (36\text{-}10)$$

式中　Q_{max}^{-1}——Snoek 峰的峰高；

　　　A——常数；

　　$x(C)$——α-Fe 中固溶碳原子的原子分数。

图 36-8 所示为 Fe-25Cr-5Al 合金的 Snoek 峰。从图 36-8 可以看出，这个峰只出现在高温淬火样品的加热过程，而在其冷却过程或退火的样品中不出现，说明 C 或 N 原子在这

个合金中只在淬火状态下固溶于铁晶格的间隙位置，而退火状态下，C 或 N 则以化合物形式存在。也说明 C、N 原子在这个合金中达到一定的浓度，不能始终以间隙原子的形式存在于晶体中。

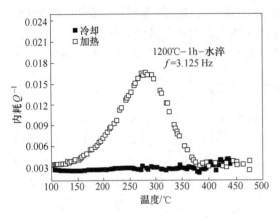

图 36-8　淬火的 Fe-25Cr-5Al 合金
Snoek 峰在加热和冷却时的变化

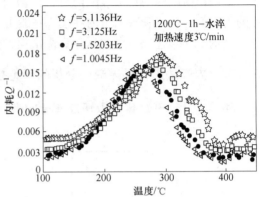

图 36-9　淬火的 Fe-25Cr-5Al
合金 Snoek 峰随频率的变化

从图 36-9 可以看出，Snoek 峰的峰温随频率的增加移向较高温度，说明是热激活弛豫峰。对于热激活的弛豫过程，弛豫时间 τ 遵守 Arrhenius 定理：

$$\tau = \tau_0 \exp\left(\frac{H}{kT}\right) \tag{36-11}$$

式中　τ_0——指数前因子；

T——绝对温度；

H——弛豫过程的激活能；

k——Boltzmann 常数。

弛豫峰出现时，应该满足下列条件：

$$\omega\tau = 1 \quad (\omega = 2\pi f) \tag{36-12}$$

式中　ω——角频率；

f——频率。

弛豫激活能 H 和指数前因子 τ_0 可根据不同频率下的峰温来确定。通过作 $\ln(\omega)$ 与峰温倒数（$1/T_p$）的关系图（图 36-10），再根据拟合直线的斜率和截距，得到弛豫激活能和指数前因子。

36.2.5.2　固溶体中由置换原子扩散造成的内耗

Zener 于 1943 年在 α 黄铜中观测到应力感生有序的实验现象，后来葛庭燧用扭摆法测定了相应的激活能。Zener 于 1947 年提出了溶质原子在应力下感生有序的理论，并解释了这个实验现象，因此，这一弛豫称为 Zener 弛豫。与 Snoek 峰一样，Zener 峰的峰温随频率的增加也移向高温，如图 36-11 所示。因此也可以利用其弛豫时间与温度的关系以及内耗峰出现的条件来计算置换型溶质原子扩散激活能和扩散系数。

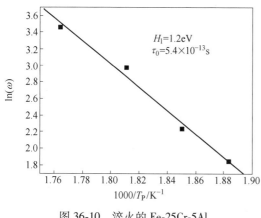

图 36-10 淬火的 Fe-25Cr-5Al
合金 Snoek 峰的 Arrihenius 图

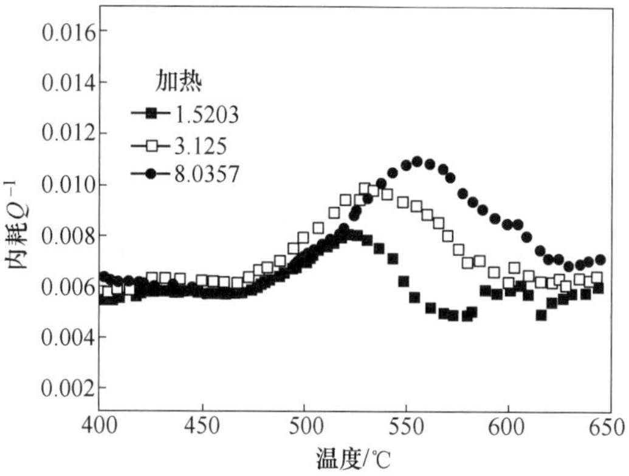

图 36-11 Fe_{71}-Al_{29} 合金的
Zener 峰随频率的变化

同样，可根据 Arrihenius 关系和峰温出现的条件，可得图 36-12，通过拟合直线的斜率计算出 Al 原子在 Fe 中的扩散激活能和指数前因子。另外，峰高与 Al 含量也有关系，图 36-13 所示的是 Fe-Al 合金的 Zener 峰随 Al 含量的变化。从图 36-13 可以看出，峰高随 Al 含量的变化是非单调的，在较低 Al 含量的情况下，峰高随 Al 含量的增加而增加，但 Al 含量超过一定值时，由于形成了有序结构，抑制了 Zener 峰的形成。因此，可通过峰高随 Al 含量的变化，探测置换式 Al 原子的存在状态。

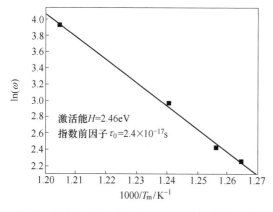

图 36-12 Fe_{71}-Al_{29}合金的 Zener 峰随频率的变化

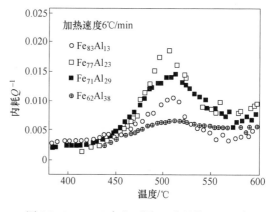

图 36-13 Fe-Al 合金不同 Al 含量的 Zener 峰

36.2.5.3 位错内耗

A 位错弛豫内耗（低温或波多尼（Bordoni）内耗）

波多尼首先在 49kHz 的频率下测量铜单晶体的内耗，发现在 90K 附近有一个相当宽的内耗峰，被称为波多尼峰。以后在铜多晶、铝、银和铅等面心立方金属中也均有发现。在铜中波多尼内耗的主要规律是：

（1）内耗主要发生在小量冷加工以后；

（2）大量冷加工后内耗又下降；

（3）在再结晶温度以下退火对内耗影响不大，在再结晶温度以上退火可使此峰消失。波多尼内耗大体与振幅无关，而峰值的频率与温度成指数关系，即

$$f = f_0 \exp\left(-\frac{Q}{RT}\right) \tag{36-13}$$

式中　f——所用频率；

　　　Q——激活能；

　　　T——峰温。

关于波多尼位错内耗的机制有人认为是一段与密排方向平行的位错线，其两端被杂质或其他位错固定，这段位错可以在两个相邻的平衡位置之间来回摆动，过程激活能与两个平衡位置之间的势垒（即派-纳势垒）的高度及位错段的长度成比例。

B　位错共振内耗

一段位错在其平衡位置附近在外应力作用下发生共振，产生能量损耗。位错线在其平衡势谷位置的共振发生在超声频范围（3～300MHz 以至更高），这种阻尼共振内耗在一些轻度冷加工的金属中都有发现。格拉纳托（Granato）和吕克（Lucke）提出这种内耗的基本过程是两端被杂质钉扎住的位错线段在外加交变负荷下的阻尼运动。

C　位错滞后内耗

这是由位错引起的一类重要内耗，它属于静滞后内耗，与频率无关，而与振幅有关。位错滞后内耗是由于在应力作用下位错挣脱了杂质的钉扎，从而引起不可逆的雪崩式脱钉造成的。如图 36-14 所示，开始位错线被一些点缺陷所钉扎，其中一类为强钉，如位错网络的节点或沉淀粒子；另一类为弱钉，如空位及杂质原子等。用 L_N 表示强钉间的距离，L_C 表示弱钉间的距离。当外加交变应力不大时，在杂质原子间的位错线段可以作弓形的往复运动，即与振幅无关而与频率有关的阻尼共振型内耗。当外加应力进一步增加，位错可能在某处挣脱弱钉，此时弱钉两边的两个位错线段成为一个线段，使作用在相邻弱钉上的力增大，因此会发生连锁反应，造成雪崩式的脱钉，直至位错线段达到 L_N 长为止。长度为 L_N 的位错线段由于应力作用而变成弓形，应力去除后 L_N 作弹性收缩，最后重新被钉扎。由于在脱钉和回缩的过程中位错的运动情况不同，因而产生滞后回线，引起内耗。由于被钉扎位错长度不同，脱钉所需应力大小也不同。随应力增大，有更多的位错线逐步脱钉，直至当位错全部脱钉后，再增大振幅，滞后回线面积仍保持不变，故内耗的增加随应变振幅的增大而趋于平缓。

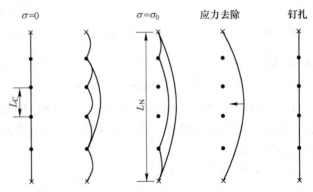

●位错网络节点或沉淀粒子　×空位及杂质原子等

图 36-14　位错线段挣脱杂质原子的各个阶段

36.2.5.4 晶界内耗

金属晶体的非共格晶界在一定条件下可以表现出非晶体材料的行为。在力学性能方面，非晶体和晶体主要差别在于前者的变形抗力受形变速率和温度变化的影响比较大，晶体在这方面的敏感性却较差。在较高温度和低应变速度下晶界具有黏滞性，多晶体金属在外力作用下，晶界能发生明显的相对位移，这是一种非弹性流变，它要消耗一部分机械能。如果物体接受机械振动，那么在应力循环中会产生反复的黏滞性流变行为，流变的速度取决于自扩散激活能和蠕变激活能，所以应变常常滞后于应力，造成振动过程中能量的损耗。晶界内耗大小与晶界的滑移阻力及相对滑移量有关。温度较低时，由于晶界黏滞系数大，晶界相对滑移量小，虽然滑动阻力较大，但内耗仍较小；温度较高时，晶界黏滞系数小，虽然晶界相对滑移量大，但滑动阻力小，所以内耗也小。只有在一中间温度，晶界内耗达到极大值。

36.3 实验设备与材料

实验设备： MFP-1000 型多功能内耗仪。

实验材料： 内耗试样准备。采用线切割机进行试样加工。片状试样尺寸范围为，长 50~70mm、宽 2~4mm、厚 0.5~1.5mm；丝状试样尺寸范围为，长 50~70mm、直径 0.5~2mm。

36.4 实验内容及步骤

实验内容：

（1）烘烤硬化钢应变时效中碳原子行为研究。对实验钢进行预变形，然后在不同温度与时间下时效，测定不同应变时效工艺下的内耗-温度谱线，分析应变时效过程中碳原子的扩散及与位错间的交互作用。

1）间隙固溶碳含量分析。

2）碳原子扩散系数的测定。

3）碳原子与位错间的交互作用（SKK 峰）分析。

（2）高强贝氏体钢回火过程分析。对贝氏体实验钢进行不同温度回火，测定不同回火工艺下的内耗-温度谱线，分析回火过程对显微组织的影响。

1）回火对贝氏体铁素体内固溶碳含量的影响。

2）回火过程中碳化物析出研究。

实验步骤：

（1）内耗曲线测定步骤：

1）打开内耗仪上的总电源及各控制开关。

2）安装试样，安装时保证样品与上下夹头在同一垂直线上。

3）调节光源旋钮，使光源打到光电磁中间位置。

4）打开测量内耗的专用软件，设定实验温度、加热速度，并设置振动频率进行测试。

5）测试平稳后，安装加热炉，为保证实验效果可以抽真空，最后开始正式实验。当温度小于400℃时，选择自由衰减模式，当温度升高到400℃时，变换到强迫振动模式。

6）更换试样，改变测试频率，重复步骤2）~5）。

7）测量出不同频率下的内耗，即可获得 $Q^{-1}-T$ 的关系曲线。

8）关机、整理。

（2）内耗曲线分析。

1）扣除背景曲线。实测内耗曲线由背景曲线与真实内耗组成，将实测曲线上明显是内耗峰的部分去掉，剩下的部分为背景曲线。真实内耗反映材料内部的微观变化。

2）内耗峰判断。

① 求真实内耗峰的峰温与内耗值。

② 计算各内耗峰的激活能。

③ 综合内耗峰的峰温与激活能，判断内耗峰是 Snoek 峰还是 SKK 峰或晶界峰？

36.5 实验报告要求

36.5.1 实验数据整理

（1）内耗曲线中 Snoek 峰的变化，包括峰高、峰温和弛豫时间等。

（2）内耗曲线中 SKK 峰的变化，包括峰高、峰温、峰宽和弛豫时间等。

（3）内耗曲线中晶界峰（Ke 峰）的变化，包括峰高、峰温、峰宽和弛豫时间等。

36.5.2 实验结果分析

（1）实验钢应变时效过程中固溶碳含量的变化。

（2）实验钢应变时效过程中碳原子的扩散系数。

（3）实验钢应变时效过程中 Cottrell 气团的形成。

（4）贝氏体钢回火过程中贝氏体铁素体内固溶碳含量的变化。

（5）贝氏体钢回火过程中碳化物的析出与变化。

（6）贝氏体钢回火过程中其他显微组织的变化。

思 考 题

（1）分析实验钢应变时效过程中固溶碳含量和 Cottrell 气团变化对烘烤硬化性能（BH 值）的影响规律，即烘烤硬化机制。

（2）分析预变形量、烘烤温度和时间对烘烤硬化性能的影响规律。

（3）分析贝氏体钢回火后力学性能变化的原因。

附　　录

附录1　钢材缺陷组织标准评级图

一、铁素体-珠光体带状组织评级图（GB/T13299—91）（100×）

0级　　　　　　　　　　　　1级

2级　　　　　　　　　3级

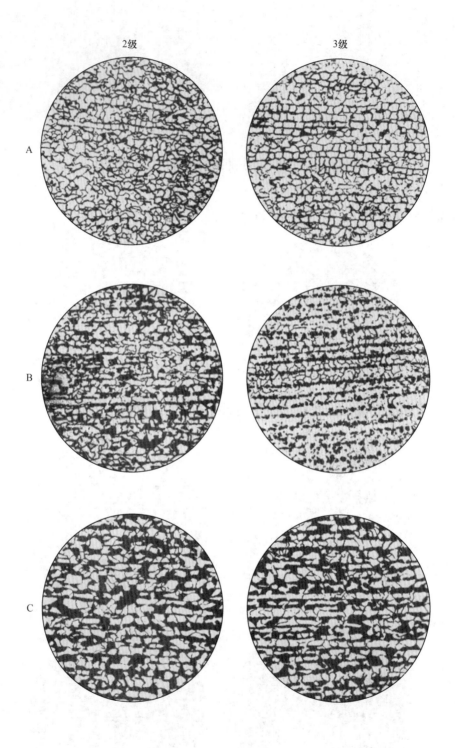

A

B

C

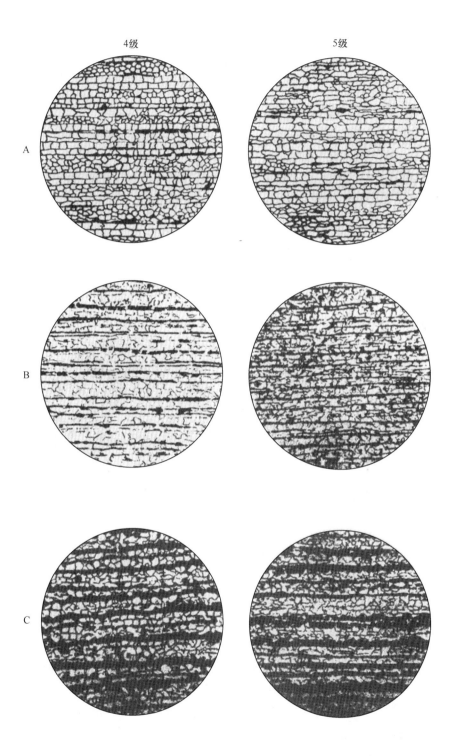

4级　　　　　　　5级

A

B

C

二、网状碳化物评级图（500×）

碳素工具钢网状碳化物评级
（GB/T 1298—2008）

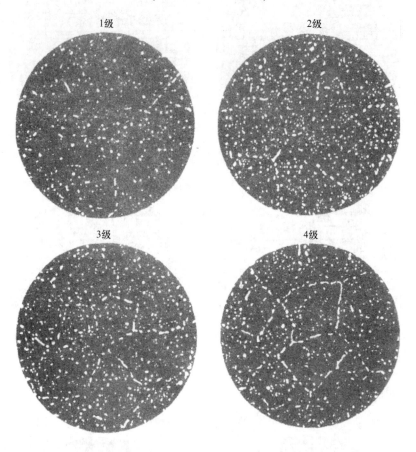

合金工具钢网状碳化物评级（GB/T 1299—2000）

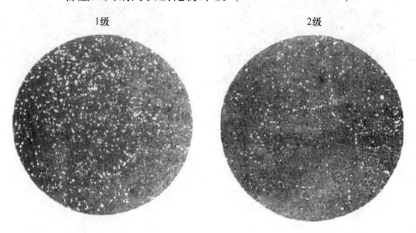

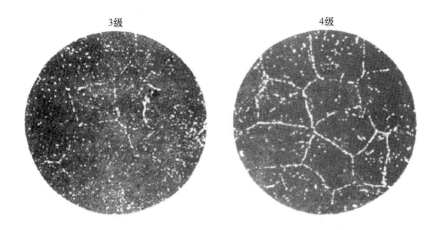

3级　　　　　　　　　4级

高碳铬轴承钢网状碳化物评级（GB/T 18254—2002）

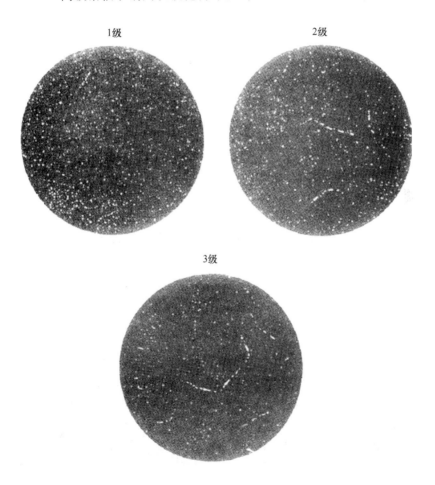

1级　　　　　　　　　2级

3级

三、液析碳化物评级图 （100×）

高碳铬轴承钢液析碳化物评级 （GB/T18254—2002）

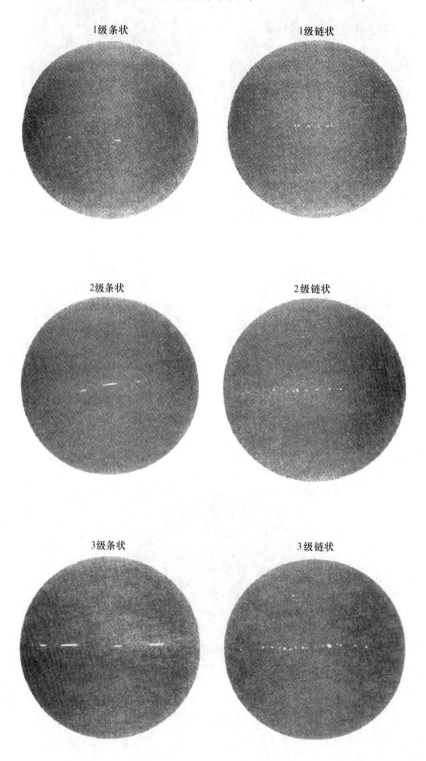

1级条状　　　　　　　　　　　1级链状

2级条状　　　　　　　　　　　2级链状

3级条状　　　　　　　　　　　3级链状

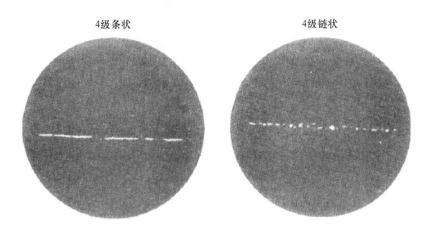

4级条状　　　　　　　　　　　　4级链状

四、魏氏组织评级图 （GB/13299—91）

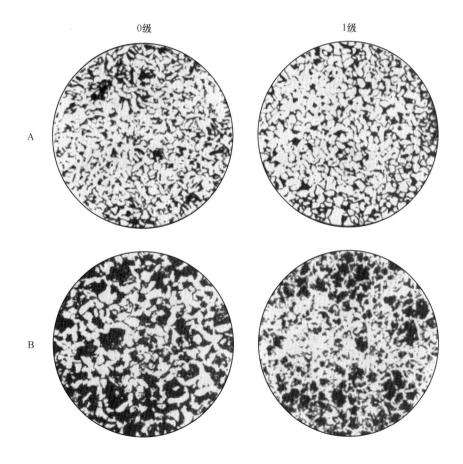

0级　　　　　　　　　　　　1级

A

B

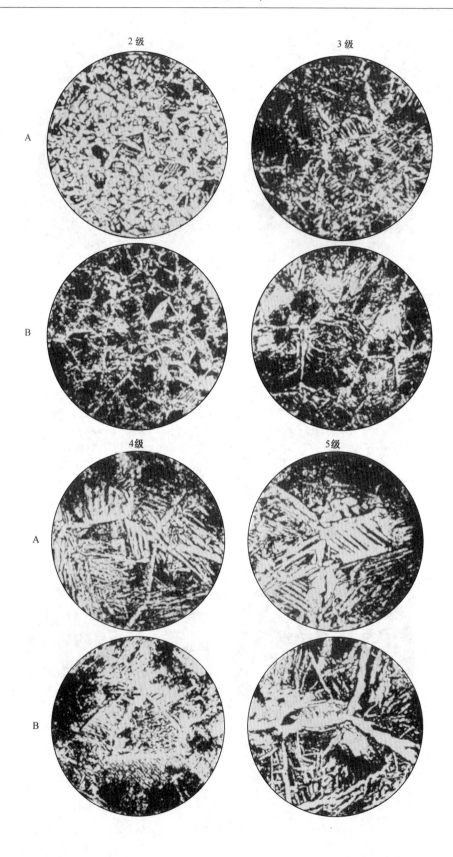

附录2 硬度测量对照表

一、压痕直径与布氏硬度值（HB）对照表

压痕直径 d_0/mm	在下列载荷 F（kgf）下的硬度值（HB）			压痕直径 d_0/mm	在下列载荷 F（kgf）下的硬度值（HB）			压痕直径 d_0/mm	在下列载荷 F（kgf）下的硬度值（HB）		
	$30D^2$	$10D^2$	$2.5D^2$		$30D^2$	$10D^2$	$2.5D^2$		$30D^2$	$10D^2$	$2.5D^2$
2.50	601	200	—	3.65	277	92.3	23.1	4.80	156	51.9	13.0
2.55	578	193	—	3.70	269	89.7	22.4	4.85	152	50.7	12.7
2.60	555	185	—	3.75	262	87.2	21.8	4.90	149	49.6	12.4
2.65	534	178	—	3.80	255	84.9	21.2	4.95	146	48.5	12.2
2.70	514	171	—	3.85	248	82.6	20.7	5.00	143	47.5	11.9
2.75	495	165	—	3.90	241	80.4	20.1	5.05	140	46.5	11.6
2.80	477	159	—	3.95	235	78.3	19.6	5.10	137	45.5	11.4
2.85	461	154	—	4.00	229	76.3	19.1	5.15	134	44.6	11.2
2.90	444	148	—	4.05	223	74.3	18.6	5.20	131	43.7	10.9
2.95	429	143	—	4.10	217	72.4	18.1	5.25	128	42.8	10.7
3.00	415	138	34.6	4.15	212	70.6	17.6	5.30	126	41.9	10.5
3.05	410	133	33.4	4.20	207	68.8	17.2	5.35	123	41.0	10.3
3.10	388	129	32.3	4.25	201	67.1	16.8	5.40	121	40.2	10.1
3.15	375	125	31.3	4.30	197	65.5	16.4	5.45	118	39.4	9.86
3.20	363	121	30.3	4.35	192	63.9	16.0	5.50	116	38.6	9.66
3.25	352	118	29.3	4.40	187	62.4	15.6	5.55	114	37.9	9.46
3.30	341	114	28.4	4.45	183	60.9	15.2	5.60	111	37.1	9.27
3.35	331	110	27.5	4.50	179	59.5	14.9	5.65	109	36.4	9.10
3.40	321	107	26.7	4.55	174	58.1	14.5	5.70	107	35.6	8.90
3.45	311	104	25.9	4.60	170	56.8	14.2	5.75	105	35.0	8.76
3.50	302	101	25.2	4.65	167	55.5	13.9	5.80	103	34.3	8.59
3.55	293	98	24.5	4.70	163	54.3	13.6	5.85	101	33.7	8.34
3.60	285	95	23.7	4.75	159	53.0	13.3	5.90	99	33.1	8.26

二、小负荷压痕对角线长度与维氏硬度值（HV）对照表

压痕对角线长度/μm	硬度（HV）		压痕对角线长度/μm	硬度（HV）				压痕对角线长度/μm	硬度（HV）			
	500g	1kg		500g	1kg	3kg	5kg		1kg	3kg	5kg	10kg
30	1030	2061	72	179	358	1073	1790	114	143	428	713	1427
31	965	1930	73	174	348	1044	1740	115	140	421	701	1402
32	906	1811	74	169	339	1016	1695	116	138	413	686	1378
33	851	1703	75	165	330	989	1650	117	135	406	677	1355
34	802	1604	76	161	321	963	1605	118	133	400	666	1332
35	757	1514	77	156	313	938	1564	119	131	393	655	1310
36	713	1430	78	152	305	914	1524	120	129	386	644	1286
37	677	1355	79	149	297	891	1486	121	127	380	633	1267
38	642	1284	80	145	290	869	1449	122	125	374	623	1246
39	610	1219	81	141	283	848	1413	123	123	368	613	1226
40	580	1159	82	138	276	827	1379	124	121	362	603	1206
41	552	1103	83	135	269	808	1346	125	119	356	593	1187
42	526	1051	84	131	263	788	1314	126	117	350	584	1168
43	501	1003	85	128	257	770	1283	127	115	345	575	1150
44	479	958	86	125	251	752	1254	128	113	340	566	1132
45	458	916	87	123	245	753	1225	129	111	334	557	1114
46	438	876	88	120	239	718	1197	130	110	329	549	1097
47	420	840	89	117	234	702	1171	131	108	324	540	1081
48	402	805	90	114	229	687	1145	132	106	319	532	1064
49	386	772	91	112	224	672	1120	133	105	315	524	1048
50	371	742	92	110	219	657	1096	134	103	310	516	1033
51	356	713	93	107	214	643	1072	135	102	305	509	1018
52	343	686	94	105	210	630	1049	136	100	301	501	1003
53	330	660	95	103	205	616	1027	137	99	296	494	988
54	318	636	96	101	201	604	1006	138	97	292	487	974
55	307	613	97	99	197	591	985	139	96	288	480	960
56	296	591	98	97	193	579	965	140	95	284	473	946
57	285	571	99	95	189	568	946	141	93	280	466	933
58	276	551	100	93	185	556	927	142	92	276	460	920
59	266	533	101	91	182	545	909	143	91	272	453	907
60	258	515	102	89	178	535	891	144	90	268	447	894
61	249	498	103	87	174	524	874	145	88	265	441	882
62	241	482	104	86	171	514	857	146	87	261	435	870
63	234	467	105	84	168	505	841	147	86	257	429	858
64	226	453	106	83	165	495	825	148	85	254	423	847
65	219	439	107	81	162	486	810	149	84	251	418	835
66	213	426	108	80	159	477	795	150	82	247	412	824
67	207	413	109	78	156	468	780	151	81	244	407	813
68	201	401	110	77	153	460	766	152	80	241	401	803
69	195	390	111	75	151	452	753	153	79	238	396	792
70	189	378	112	74	148	444	739	154	78	235	391	782
71	184	368	113	73	145	436	726	155	77	232	386	772

压痕对角线长度/μm	硬度（HV）			压痕对角线长度/μm	硬度（HV）		压痕对角线长度/μm	硬度（HV）		压痕对角线长度/μm	硬度（HV）	压痕对角线长度/μm	硬度（HV）
	3kg	5kg	10kg		5kg	10kg		5kg	10kg		10kg		10kg
156	229	381	762	198	237	473	240	161	322	282	233	324	177
157	226	376	752	199	234	468	241	160	319	283	232	325	176
158	223	371	743	200	232	464	242	158	317	284	230	326	174
159	220	367	734	201	230	459	243	157	314	285	228	327	173
160	217	362	724	202	227	454	244	156	311	286	227	328	172
161	215	358	715	203	225	450	245	154	309	287	225	329	171
162	212	353	707	204	223	446	246	153	306	288	224	330	170
163	209	349	698	205	221	441	247	152	304	289	222	331	169
164	207	345	690	206	219	437	248	151	302	290	221	332	168
165	204	341	681	207	216	433	249	150	299	291	219	333	167
166	202	336	673	208	214	429	250	148	297	292	218	334	166
167	199	332	665	209	212	425	251	147	294	293	216	335	165
168	197	329	657	210	210	421	252	146	292	294	215	336	164
169	195	325	649	211	208	417	253	145	290	295	213	337	163
170	193	321	642	212	206	413	254	144	287	296	212	338	162
171	190	317	634	213	204	409	255	143	285	297	210	339	161
172	188	313	627	214	202	405	256	141	283	298	208	340	160
173	186	310	620	215	201	401	257	140	281	299	207	341	159
174	184	306	613	216	199	397	258	139	279	300	206	342	159
175	182	303	606	217	197	394	259	138	276	301	205	343	158
176	180	299	599	218	195	390	260	137	274	302	203	344	157
177	178	296	592	219	193	387	261	136	272	303	202	345	156
178	176	293	585	220	192	383	262	135	270	304	201	346	155
179	174	289	578	221	190	380	263	136	268	305	199	347	154
180	172	286	572	222	188	376	264	133	266	306	198	348	153
181	170	283	566	223	186	373	265	132	264	307	197	349	152
182	168	280	560	224	185	370	266	131	262	308	195	350	151
183	166	277	554	225	183	366	267	130	260	309	194	351	151
184	164	274	548	226	182	363	268	129	258	310	193	352	150
185	163	271	542	227	180	360	269	128	256	311	192	353	149
186	161	268	536	228	178	357	270	127	254	312	191	354	148
187	159	265	530	229	177	354	271	126	253	313	189	355	147
188	157	263	524	230	175	351	272	125	251	314	188	356	146
189	156	260	519	231	174	348	273	124	249	315	187	357	146
190	154	257	514	232	172	345	274	124	247	316	186	358	145
191	153	254	508	233	171	342	275	123	245	317	185	359	144
192	151	252	503	234	169	339	276	122	243	318	183	360	143
193	149	249	498	235	168	336	277	121	242	319	182	361	142
194	148	246	493	236	166	333	278	120	240	320	181	362	142
195	146	244	488	237	165	330	279	119	238	321	180	363	141
196	145	241	483	238	164	327	280	118	237	322	179	364	140
197	143	239	478	239	162	325	281	117	235	323	178	365	139

附录3　粉末法的多重性因数 P_{hkl}

指数 P_{hkl} 晶系	$h00$	$0k0$	$00l$	hhh	$hh0$	$hk0$	$0kl$	$h0l$	hhl	hkl
立方晶体		6		8	12		24①		24	48①
六方和菱方晶系		6	2		6	12①	12①		12①	12①
正方晶系		4	2		4	8①	8		8	16①
斜方晶系	2	2	2			4	4	4		8
单斜晶系	2	2	2			4	4	2		4
三斜晶系	2	2	2			2	2	2		2

①系指通常的多重性因数。在某些晶体中具有此种指数的两族晶面，其晶面间距相同，但结构因数不同，因而每族晶面的多重性因数应为上列数值的一半。

参 考 文 献

[1] 宋维锡. 金属学 [M]. 北京：冶金工业出版社，1989.

[2] 赵乃勤. 热处理原理与工艺 [M]. 北京：机械工业出版社，2011.

[3] 张皖菊，李殿凯. 金属材料学实验 [M]. 合肥：合肥工业大学出版社，2013.

[4] 王志刚，刘科高. 金属热处理综合实验指导书 [M]. 北京：冶金工业出版社，2012.

[5] 潘清林. 金属材料科学与工程实验教程 [M]. 长沙：中南大学出版社，2006.

[6] 王志刚，徐勇，石磊. 金相检验技术实验教程 [M]. 北京：化学工业出版社，2014.

[7] 任颂赞，叶俭，陈德华. 金相分析原理及技术 [M]. 上海：上海科学技术文献出版社，2013.

[8] 周小平. 金属材料及热处理实验教程 [M]. 武汉：华中科技大学出版社，2006.

[9] 朱学仪. 钢材检验手册 [M]. 北京：中国标准出版社，2009.

[10] 张冬云. 激光先进制造基础实验 [M]. 北京：北京工业大学出版社，2014.

[11] 徐万劲. 磁控溅射技术及应用（上）[J]. 现代仪器，2005，11（5）：1~5.

[12] 田民波，李正操. 薄膜技术与薄膜材料 [M]. 北京：北京大学出版社，2011.

[13] 孔建军. 真空镀膜工艺参数对于薄膜性能的影响 [J]. 国防制造技术，2011，10（5）：51~62.

[14] 那顺桑，李杰，艾立群. 金属材料力学性能 [M]. 北京：冶金工业出版社，2011.

[15] 吴开明，李云宝. 材料物理实验教程 [M]. 北京：科学出版社，2012.

[16] 刘强，黄新友. 材料物理性能 [M]. 北京：化学工业出版社，2009.

[17] 刘恩科，朱秉升，罗来晋. 半导体物理学 [M]. 北京：电子工业出版社，2003.

[18] 刘雪梅. 霍尔效应理论发展过程的研究 [J]. 重庆文理学院学报，2011，30（2）：41~44.

[19] 姜辛，孙超，洪瑞江，等. 透明导电氧化物薄膜 [M]. 北京：高等教育出版社，2008.

[20] 周玉. 材料分析测试技术：材料X射线衍射与电子显微分析 [M]. 哈尔滨：哈尔滨工业大学出版社，1998.

[21] 常铁军，刘喜军. 材料近代分析测试方法 [M]. 4版. 哈尔滨：哈尔滨工业大学出版社，2010.

[22] 邱平善，王桂芳，郭立伟. 材料近代分析测试方法实验指导 [M]. 哈尔滨：哈尔滨工程大学出版社，2001.

[23] 张庆军. 材料现代分析测试实验 [M]. 北京：化学工业出版社，2006.

[24] 祖国胤，丁桦. 材料现代研究方法实验指导书 [M]. 北京：冶金工业出版社，2012.

[25] 陶文宏，杨中喜，师瑞霞. 现代材料测试技术实验 [M]. 北京：化学工业出版社，2014.

[26] 张德添，何昆，张飙，等. 原子力显微镜发展近况及其应用 [J]. 现代仪器，2002，2（3）：6~9.

[27] 温诗铸. 纳米摩擦学 [M]. 北京：清华大学出版社，1998：20~25.

[28] 姜辛，孙超，洪瑞江，等. 透明导电氧化物薄膜 [M]. 北京：高等教育出版社，2008：121~123.

[29] 屠海令，干勇. 金属材料理化测试全书 [M]. 北京：化学工业出版社，2007.

[30] 余宗森，田忠卓. 金属物理 [M]. 北京：冶金工业出版社，1982.

[31] 周正存，杨洪，顾苏怡，等. 内耗技术在金属晶体原子缺陷方面的应用研究 [J]. 苏州市职业大学学报，2010，21（2）：1~5.

冶金工业出版社部分图书推荐

书　名	作　者	定价(元)
中国冶金百科全书·金属材料	编委会　编	229.00
合金相与相变（第2版）（本科教材）	肖纪美　主编	37.00
金属学原理（第3版）（上中下三册）（本科教材）	余永宁　编著	197.00
材料科学基础教程（本科教材）	王亚男　主编	33.00
相图分析及应用（本科教材）	陈树江　等编	20.00
金属材料凝固原理与技术（本科教材）	沙明红　主编	25.00
电磁冶金学（本科教材）	亢淑梅　主编	28.00
特种熔炼（本科教材）	薛正良　主编	35.00
合金设计及其熔炼（本科教材）	田素贵　主编	33.00
有色金属冶金学实验教程（本科教材）	李继东　主编	18.00
材料现代测试技术（本科教材）	廖晓玲　主编	45.00
无机非金属材料研究方法（第2版）（本科教材）	张　颖　等编	49.00
金属材料学（第3版）（本科教材）	吴承建　等编	66.00
金相实验技术（第2版）（本科教材）	王　岚　等编	32.00
金属学与热处理（本科教材）	陈惠芬　主编	39.00
热处理车间设计（本科教材）	王　冬　编	22.00
耐火材料（第2版）（本科教材）	薛群虎　主编	35.00
钢铁冶金用耐火材料（本科教材）	游杰刚　主编	28.00
金属材料工程实习实训教程（本科教材）	范培耕　主编	33.00
物理化学（第4版）（本科教材）	王淑兰　主编	45.00
冶金物理化学（本科教材）	张家芸　主编	39.00
冶金与材料热力学（本科教材）	李文超　等编	65.00
冶金工程实验技术（本科教材）	陈伟庆　主编	39.00
钢铁冶金原理（第4版）（本科教材）	黄希祜　编	82.00
冶金传输原理（本科教材）	刘　坤　等编	46.00
冶金传输原理习题集（本科教材）	刘忠锁　等编	10.00
钢铁模拟冶炼指导教程（本科教材）	王一雍　等编	25.00
热工过程控制系统实验教程（本科教材）	蔡培力　主编	18.00